7天學會設計模式

設計模式也可以這樣學

好評
熱銷版

Yan(硯取歪) 著

博碩文化

7天學會設計模式
設計模式也可以這樣學
好評 熱銷版

Yan(硯取歪) 著

本書如有破損或裝訂錯誤，請寄回本公司更換

作　　者：Yan（硯取歪）
編　　輯：魏聲圩、賴彥穎

董 事 長：陳來勝
總 編 輯：陳錦輝

出　　版：博碩文化股份有限公司
地　　址：221 新北市汐止區新台五路一段 112 號 10 樓 A 棟
　　　　　電話 (02) 2696-2869　傳真 (02) 2696-2867

發　　行：博碩文化股份有限公司
郵撥帳號：17484299　戶名：博碩文化股份有限公司
博碩網站：http://www.drmaster.com.tw
讀者服務信箱：dr26962869@gmail.com
訂購服務專線：(02) 2696-2869 分機 238、519
（週一至週五 09:30 ～ 12:00；13:30 ～ 17:00）

版　　次：2022 年 8 月二版一刷

建議零售價：新台幣 400 元
I S B N：978-626-333-222-5
律師顧問：鳴權法律事務所 陳曉鳴

國家圖書館出版品預行編目資料

7 天學會設計模式：設計模式也可以這樣學 / Yan
（硯取歪）- 羅威驗著 . -- 二版 . -- 新北市：
博碩文化股份有限公司 , 2022.08
　面；　公分 . -- (博碩書號；MP22251)

ISBN 978-626-333-222-5 (平裝)

1.CST: 電腦程式設計 2.CST: 軟體研發

312.2　　　　　　　　　　　　　111012782

Printed in Taiwan

博碩粉絲團　歡迎團體訂購，另有優惠，請洽服務專線
(02) 2696-2869 分機 238、519

序

　　作者有一次參加登山團的時候，發現許多資訊工程相關的科系在大學四年期間並沒有設計模式這門課，許多人第一本關於設計模式的書，是 GoF 的《Design Patterns: Elements of Reusable Object-Oriented Software》，這本書可以說是設計模式的聖經，不過大部分讀者會覺得裡面的範例不太好懂，幸好後來出了很多本比較淺顯易懂的書，網路上也有很多學習資源，本書也是旨在提供初學者一個比較輕鬆的方式來學習設計模式。

　　學習設計模式有好處，其中最大的好處就是把自己包裝的很厲害然後拿來呼嚨不懂的人。以上這句只是開玩笑，首先第一個好處是學習過程也加強了物件導向的觀念，而這些觀念可以幫助我們在維護修改程式碼的時候事半功倍；再來學習設計模式的同時也在學習如何歸納總結並描述問題，知道問題我們才有機會避開或解決它；最後有一些公司面試時會問設計模式相關的問題，有準備的人自然多一份機會，雖然個人認為把一些設計模式相關的名詞拿來面試沒什麼意思，常常會變成一種掉書袋的感覺。

　　就算從來也沒學過設計模式，一個程式設計師只要開發的案子夠大，寫的程式碼夠多，慢慢他的程式碼也會朝著設計模式靠攏，看書只是加速這個過程，寫程式到某一種程度的時候再看設計模式，可能會發現，原來我平常寫的東西也算是一種模式啊 !!! 恭喜你，代表以前那些程式碼沒有白寫，你已經走在正確的道路上了。

▌聯繫作者

　　本書一開始是分享在 Gitbook 之上的隨興之作，當初憑著一股衝勁交叉閱讀了許多書籍、網誌來學習設計模式，並將一個一個模式寫成筆記。所有觀點都是作者的個人見解，在出版前重新校稿時發現了許多錯誤與疏漏，甚至有幾個模式需要整個砍掉重寫，可見不完善之處還有許多，如想與作者交流、詢問本書相關問題或是發現錯誤，歡迎發送郵件到 yan13TW@gmail.com。非常感謝博碩能給我機會出版本書，也深深感謝家人一路以來的支持與愛護。

目錄 CONTENTS

範例程式碼請至 http://www.drmaster.com.tw/ 下載。

第 1 天	CHAPTER 00	閱讀之前	Day1-1
	CHAPTER 01	物件導向程式設計 5 項基本原則 -SOLID	Day1-5
	CHAPTER 02	單例模式 Singleton	Day1-11
	CHAPTER 03	簡單工廠模式 Simple Factory	Day1-15
第 2 天	CHAPTER 04	工廠模式 Factory	Day2-1
	CHAPTER 05	抽象工廠模式 Abstract Factory	Day2-5
	CHAPTER 06	策略模式 Strategy	Day2-15
	CHAPTER 07	裝飾者模式 Decorator	Day2-25
第 3 天	CHAPTER 08	觀察者模式 Observer	Day3-1
	CHAPTER 09	命令模式 Command	Day3-7
	CHAPTER 10	轉接器模式 Adapter	Day3-13
	CHAPTER 11	表象（外觀）模式 Facade	Day3-17
第 4 天	CHAPTER 12	樣版模式 Template	Day4-1
	CHAPTER 13	合成模式 Composite	Day4-9
	CHAPTER 14	狀態模式 State	Day4-17
	CHAPTER 15	代理模式 Proxy	Day4-25
第 5 天	CHAPTER 16	走訪器模式 Iterator	Day5-1
	CHAPTER 17	建造者模式 Builder	Day5-5
	CHAPTER 18	責任鏈模式 Chain Of Responsibility	Day5-11
	CHAPTER 19	解譯器模式 Interpreter	Day5-17
第 6 天	CHAPTER 20	中介者模式 Mediator	Day6-1
	CHAPTER 21	原型模式 Prototype	Day6-7
	CHAPTER 22	橋梁模式 Bridge	Day6-13
第 7 天	CHAPTER 23	備忘錄模式 Memento	Day7-1
	CHAPTER 24	蠅量級（享元）模式 Flyweight	Day7-7
	CHAPTER 25	拜訪者模式 Visitor	Day7-11
附錄	APPENDIX	單元測試工具 JUnit4 簡介	附錄 - 1

GoF 23 種設計模式列表

有些模式已經比較少被使用，有些模式已經被很多程式語言內化成為語言特性，這個目錄分類主要是方便快速瀏覽各種設計模式的設計目的。

創建型模式 Creational Patterns

模式名稱	目的	頁數
簡單工廠模式 Simple Factory	定義一個簡單工廠，傳入不同的參數返回不同的類別物件。	Day1-15
工廠模式 Factory	提供一個工廠介面，將產生實體的程式碼交由子類別各自實現。	Day2-1
抽象工廠模式 Abstract Factory	用一個工廠介面來產生一系列相關的物件，但實際建立哪些物件由實做工廠的子類別來實現。	Day2-5
單例模式 Singleton	保證一個類別只有一個物件，而且要提供存取該物件的統一方法。	Day1-11
原型模式 Prototype	複製一個物件而不是重新創建一個。	Day6-7
建造者模式 Builder	將一個由各種組件組合的複雜產品建造過程封裝。	Day5-5

結構型模式 Structural Patterns

模式名稱	目的	頁數
表象 (外觀) 模式 Facade	用一個介面包裝各個子系統，由介面與客戶端做溝通。	Day3-17
合成模式 Composite	處理樹狀結構的資料。	Day4-9
轉接器模式 Adapter	將一個介面轉換成另外一個介面，讓原本與客戶端不能相容的介面可以正常工作。	Day3-13
代理模式 Proxy	為一個物件提供代理物件。	Day4-25
裝飾模式 Decorator	動態的將功能附加在物件上。	Day2-25

模式名稱	目的	頁數
蠅量級 (享元) 模式 Flyweight	大量物件共享一些共同性質，降低系統的負荷。	Day7-7
橋梁模式 Bridge	將抽象介面與實作類別切開，使兩者可以各自變化而不影響彼此。	Day6-13

行為型模式 Behavioral Patterns

模式名稱	目的	頁數
命令模式 Command	將各種請求 (命令 Command) 封裝成一個物件。	Day3-7
觀察者模式 Observer	處理一個物件對應多個物件之間的連動關係。	Day3-1
策略模式 Strategy	將各種可以互換的演算法 (策略 Strategy) 包裝成一個類別。	Day2-15
樣版模式 Template	使用抽象類別定義一套演算法的架構，但是細節可延遲到子類別再決定。	Day4-1
走訪器模式 Iterator	提供方法走訪集合內的物件，走訪過程不需知道集合內部的結構。	Day5-1
狀態模式 State	將物件的狀態封裝成類別，讓此物件隨著狀態改變時能有不同的行為。	Day4-17
責任鏈模式 Chain Of Responsibility	讓不同的物件有機會能處理同一個請求。	Day5-11
解譯器模式 Interpreter	定義一個語言與其文法，使用一個解譯器來表示這個語言的敘述。	Day5-17
中介者模式 Mediator	當有多個物件之間有交互作用，使用一個中介物件來負責這些物件的交互。	Day6-1
備忘錄模式 Memento	將一個物件的內部狀態儲存在另外一個備忘錄物件中，備忘錄物件可用來還原物件狀態。	Day7-1
拜訪者模式 Visitor	使用不同的拜訪者使集合 (Collection) 中的元素行為與元素類別切離。	Day7-11

閱讀之前

你要知道什麼是物件導向程式語言（OOP）

閱讀本書的基礎條件是你要熟悉物件導向，介面（Interface）、類別（Class）、物件（Object）、封裝（Encapsulation）、繼承（Inheritance）、多型（Polymorphism）這些物件導向常用的名詞如果你不熟悉或根本不認識，建議你趕快丟下這本書，去找一些基礎 JAVA 與物件導向相關的教材、書籍來看。

本書的範例程式

本書開發環境使用 Eclipse，所有的範例程式都放在博碩官網，可自行下載，範例程式資料夾（src）與測試程式資料夾（test）是分開放的，測試程式會放在對應的 package 裡面，如下圖所示，src/c01/simpleFactory/village 裡面所有程式的測試碼都放在 test/c01/simpleFactory 之中。

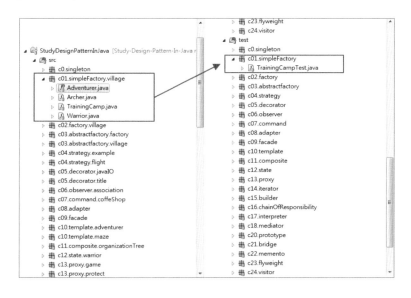

CHAPTER	DAYS
00	1st
01	
02	
03	
04	2nd
05	
06	
07	
08	3rd
09	
10	
11	
12	4th
13	
14	
15	
16	5th
17	
18	
19	
20	6th
21	
22	
23	7th
24	
25	

閱讀預定日

☐☐月☐☐日

閱讀完成 ☐

所有程式的入口點都會放在執行測試程式，大部分的測試都是使用 JUnit4 來執行，如果你沒聽過 JUnit 或是不熟悉 JUnit 的話沒關係，這很簡單的，附錄 - JUnit4 簡介會稍為說一下 JUnit 如何使用。

設計模式的類別圖

在設計模式中會常常看到類別圖，下面這張圖說明類別圖怎麼看，如程式碼，父類別 implements 介面，子類別 extends 父類別。

```java
public interface 介面 {

}
public class 父類別 implements 介面 {

}
public class 子類別  extends 父類別 {
    private String 屬性;
    public void 方法(){
        new ClassA();
    };
}
```

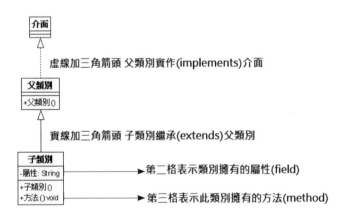

下面這張顯示類別之間的依賴關係，我們先看由 ClassA 指向 ClassB 的箭頭，箭頭旁邊的 0...1 表示 ClassA 之中有一個 ClassB，箭頭上方的 b 表示在 ClassA 中的 ClassB 名稱是 b。ClassA 指向 ClassC

的箭頭，0...* 表示 ClassA 中有一個 List，List 裡面放著多個 C 類別。下方的箭頭表示 ClassA 中有一個 ClassD，ClassD 裡面也有一個 ClassA。

```java
public class ClassA {
    public ClassD d;
    public ClassB b;
    public List<ClassC> cList;
}
public class ClassB {

}
public class ClassC {

}
public class ClassD {
    public ClassA a;
}
```

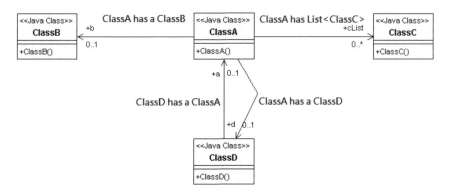

什麼是設計模式？

　　所謂的設計模式是如何解決一些重複性問題的經驗累積，因此有些高手直接說設計模式的聖經《Design Patterns: Elements of Reusable Object-Oriented Software》一書只是把本來就應該知道的事情寫成書，毫無參考價值；也有人認為設計模式是對於語言本身缺陷的一種補充。每種程式語言都有各自的優缺點，因此同樣設計模式在不同的語言之間呈現出來的樣子會有不小的差異，在本書中使用 JAVA 做為範例。

　　每一種設計模式都是用來解決重複出現的問題，例如說單例模式（Singleton）就是為了確保一個類別只會被實體化一次，學習設計模式最困難不是範例程式碼的複雜度，而是搞清楚這模式要解決怎麼樣的問題，什麼樣的時機適合用這個模式，才是學習的重心。

物件導向程式設計 5 項基本原則 -SOLID

CHAPTER

01

CHAPTER	DAYS
00	1st
01	
02	
03	
04	2nd
05	
06	
07	
08	3rd
09	
10	
11	
12	4th
13	
14	
15	
16	5th
17	
18	
19	
20	6th
21	
22	
23	7th
24	
25	

閱讀預定日

□□月□□日

閱讀完成 □

用物件導向程式設計一套軟體系統，遵循 SOLID 這五項基本原則，可以幫助程式設計師寫出好維護、易擴充的程式架構：

S: Single Responsibility Principle (SRP) 單一職責

所謂的單一職責是指一個類別只負責一件事情，阿文 18 歲生日那天取得汽車駕照，爸爸買一台車可以在天空上飛、在路上走、在水下游的車給他當生日禮物，是不是很酷的事情!?

可是阿文想開這台車，就必須要有機師職照、汽車駕照、潛水艇駕駛證照才能上路，如果哪天這台車故障了，可能要修飛機的技師、修汽車的技師、修潛艇的技師三種專業人員一起查看問題在哪邊才能排除故障。

如果一個類別負擔太多工作，就會像上面的超級汽車一樣，不論是使用上或是後續的維護工作都可能會帶來很大的困擾。要注意單一職責不是指一個類別裡面只有一個方法，在這邊，我們這台車責任是要可以在路上行駛，不過這不代表這台車只會擁有在路上行駛這個方法，實際上，行駛是由前進、後退、左轉、右轉、剎車等等基本功能組合而成的。

但從另外一個角度來看，又要注意功能被切的太細碎造成過度設計（over design）的情況，一台車雖然可以拆成方向盤、大燈、引擎、汽缸等等零件，每一個零件也都有不同的功能，但對汽車駕駛人來說，只要知道車子怎麼開就夠了，不需要去理解車子內部詳細的構造。對維修技師來說，了解細部零件的功能反而才是必要的，因此要怎麼規劃一個類別的責任，就要視實際的需求而定。如何定義一個類別（物件）的責任是一個很抽象也很難釐清的事情，我們在這邊只是略為簡介一下，這部分就先到這裡就好。

O: Open/Close Principle (OCP)
開放 / 封閉原則

物件導向程式設計最重要的開放（擴充）封閉（修改）原則。一套軟體應該要保留彈性，可以擴充新功能，但如果裡面程式碼的耦合度（Coupling）過高，新增功能時可能會影響舊功能，甚至會造成程式 Bug，因此增新功能時就必須很小心謹慎以免原本正常程式碼被改壞了，另外高耦合的程式碼在有 Bug 需要維護修改也是同樣的麻煩。有鑑於此，舊程式碼應該是封閉修改的，或是某個舊功能需要調整，也不應該取影響到其他功能。

以阿文的車來說，我們在設計時就要針對車上不同的功能做模組化，例如說想將大燈改成又白又亮刺瞎別人的眼睛，汽車技師只要更換燈泡，不需也不能動到引擎的部分（引擎部分封閉修改）；或者今天要阿文要上山賞雪，可以直接在輪胎上綁上雪鏈（開放擴充），就可以在雪地上行走，不用整個輪胎換掉。開放 / 封閉原則就如同字面上的意思，開放新增功能，封閉修改其他不相關的功能。

L: Liskov Substitution Principle (LSP)
Liskov 替換原則

在一個系統中，子類別應該可以替換掉父類別而不會影響程式架構。

阿文要開車去外婆家，阿文家車庫裡面有很多台車，我們先看其中三台車，如下圖：

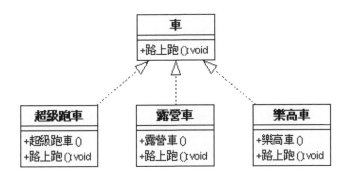

　　阿文坐上的樂高車後，發現這是樂高積木組成的 1:1 比例模型車，沒有引擎，根本不能上路 !!! 這時候子類別樂高車並沒有辦法執行父類別**車**的路上跑功能，這種情況就不符合 Liskov 替換原則，子類別應該可以執行父類別想做的事情。

I: Interface Segregation Principle (ISP) 介面隔離原則

　　把不同功能的功能從介面中分離出來。

　　阿文表示，上次要去阿嬤家算是特殊的需求，我家的車最主要就是拿來佔車庫避免空間浪費，然後輪流擺在庭院炫富用，樂高車也可以算是一台車，我們來看看阿文家的車庫：

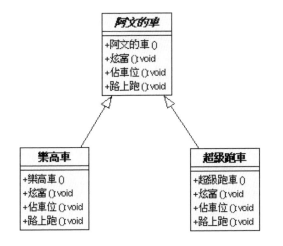

這邊有一個小問題，發現了嗎？對阿文來說，車子不一定要有「路上跑」這個功能，阿文的樂高車是沒辦法在路上跑的，這明顯違反了上一條 LSP，因此我們必須修改車子的定義，大部分的車有「路上跑」功能，因此我們可以將這個功能分割到其他介面，分割後如下圖，如此一來我們就用介面隔離「路上跑」這個功能：

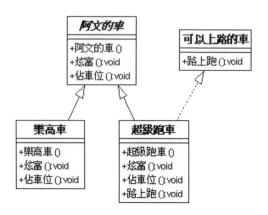

D: Dependency Inversion Principle (DIP) 依賴反轉原則

定義：高階模組不應依賴低階模組，兩個都應該依賴在抽象概念上；抽象概念不依賴細節，而是細節依賴在抽象概念。

上面這段文字看起來很抽象，讓我來翻譯翻譯，意思就是「**話不能說的太死，盡量講一些概念性的東西**」。

阿文要在庭院要弄一個賞車派對，邀請函上面寫著「阿文誠摯邀請您來欣賞 Ferrari Fx2020 超級跑車」，因此這個派對就會被綁死在 Fx2020 超級跑車上面。如果當天阿文的爸爸開著這輛車去打網球，阿文在開趴那天就很糗很糗了。

為了避免這種不幸的事件發生，邀請函上面最好是寫著「阿文誠摯邀請您來參加派對並且欣賞超級跑車」，這樣一來就算當天阿文爸把 Ferrari Fx2020 開走了，他只要另外拿出一台超級跑車就可以，雖然朋友們會有受騙的感覺，不過至少不會讓阿文當場丟盡面子。

什麼，又要改，是要改幾次阿 !!!?

上面是在軟體開發過程中，軟體工程師最常抱怨的一句話。在實務上，不論事前如何小心謹慎、盡善盡美的規劃設計軟體系統架構，我們還是會常常遇到需求變更、需求理解錯誤或是 bug 修改等會讓軟體工程師需要不斷調整修改程式碼的情況。不論是上面那些出自於《Agile Software Development》這本書的 SOLID 五項原則或是本書的主題「設計模式」，都是前人在軟體開發過程中所累積的經驗心得，可以說是設計程式架構的內功心法，而這些心法有一個共同的目標，為了讓程式碼更容易維護並且維持軟體的可擴充性，讓我們在改動程式碼的時候，工作可以順利一點，痛苦指數也可以下降一點。

MEMO

單例模式 Singleton

目的：保證一個類別只會產生一個物件，而且要提供存取該物件的統一方法。

　　單例模式是一個簡單易懂的模式，下面的程式碼很簡單的就達到這樣的需求，一開始我們就直接 new 出這個類別的實體物件，並且將constructor 宣告為 private，這樣其他程式就無法再 new 出新物件，如此一來就能保證這個類別只會存在一個實體物件，這種寫法因為一開始已經建立物件，因此也稱為貪婪單例模式（Greed Singleton）。

> 一開始就建立物件，這樣只要一直回傳這個物件就是簡單的 singleton

```
public class SingletonGreed {
    private static SingletonGreed instance = new SingletonGreed();

    private SingletonGreed(){}

    public static SingletonGreed getInstance(){
        return instance;
    }
}
```

> private constructor，這樣其他程式就沒辦法用 new 來取得新的實體

> 因為 constructor 已經 private，所以需要另外提供方法讓其他程式呼叫這個唯一的實體物件

　　假如建立這個物件需要耗費很多資源，可是程式運行中不一定會需要它，我們希望只有在第一次 getInstance 被呼叫的時候才花費資源來建立物件，程式碼就要修改一下，修改後像這樣：

```
public class Singleton {
    private static Singleton instance;

    private Singleton(){
        // 這裡面跑很了多 code
        // 建立物件需要花費很多資源
    }

    public static Singleton getInstance(){
        // 第一次被呼叫的時候，instance 為 null，要建立物件
        if(instance == null){
```

> 因為建立物件要花很多資源，因此一開始就不先建立物件

CHAPTER	DAYS
00	1st
01	
02	
03	
04	2nd
05	
06	
07	
08	3rd
09	
10	
11	
12	4th
13	
14	
15	
16	5th
17	
18	
19	
20	6th
21	
22	
23	7th
24	
25	

閱讀預定日

□□月□□日

閱讀完成 □

```
        instance = new Singleton();
    }
    // 已經有物件存在，直接回傳這個物件
    return instance;
    }
}
```

以上程式看起來沒問題，不過如果有多個執行緒同時呼叫 getInstance，可能第一個執行緒跑到 instance = new Singleton() 這行時，將時間讓給第二個執行緒，因此第二個執行緒也執行了 instance = new Singleton()，造成兩個不同的執行緒同時 new 出新的物件，如此一來就無法保證這個類別只會產生一個物件。

```
/**
 * 單例模式測試
 */
public class SingletonTest extends Thread {
    String myId;
    public SingletonTest(String id) {
        myId = id;
    }

    // 執行緒執行的時候就去呼叫 Singleton.getInstance()
    public void run() {
        Singleton singleton = Singleton.getInstance();
        if(singleton != null){
            // 用 hashCode 判斷前後兩次取到的 Singleton 物件是否為同一個
            System.out.println(myId+" 產生 Singleton:" + singleton.
                                hashCode());
        }
    }

    public static void main(String[] argv) {
        /*
        // 單執行緒的時候，s1 與 s2 確實為同一個物件
        Singleton s1  =  Singleton.getInstance();
        Singleton s2  =  Singleton.getInstance();
        System.out.println("s1:"+s1.hashCode() + " s2:" + s2.hashCode());
        System.out.println();
        */

        // 兩個執行緒同時執行
```

JAVA 的多執行緒需要 extends Thread 或 implements Runnable 來實現

執行緒實際要做的事情放在 run() 方法內

```
    Thread t1 = new SingletonTest("執行緒 T1"); // 產生 Thread 物件
    Thread t2 = new SingletonTest("執行緒 T2"); // 產生 Thread 物件
    t1.start(); // 開始執行 t1.run()
    t2.start();
  }
}
```

> 執行緒 T1 與執行緒 T2 分別執行 Singleton. getInstance()，有機會得到不同的 Singleton

為了解決這樣的問題，可以用 synchronized 修飾子來解決這個問題，這邊讓 getInstance 方法被呼叫的時候被鎖住，執行緒只有 getInstance 執行完後才會讓出時間，避免不同執行緒各自產生新的實體。

```
public class Singleton {
    private static Singleton instance;

    private Singleton(){
        // 這裡面跑很了多 code，建立物件需要花費很多資源
    }

    // 多執行緒時使用 synchronized 保證 Singleton 一定是單一的
    public static synchronized Singleton getInstance(){
        if(instance == null){
            instance = new Singleton();
        }
        return instance;
    }
}
```

上面這樣的寫法，synchronized 會讓 getInstance 方法執行時效能會變差，實際上需要鎖住的只有創造物件的過程，也就是 new Singleton 這段程式碼而已，因此可以將 synchronized 搬到 getInstance 方法內來加快程式的效能。

```
public class Singleton {
    private static Singleton instance;

    private Singleton(){
        // 這裡面跑很了多 code，建立物件需要花費很多資源
    }

    public static Singleton getInstance(){
```

現在被
synchronized 包
覆的只有 new
Singleton

```
        if(instance == null){
            synchronized(Singleton.class){
                if(instance == null){
                    instance = new Singleton();
                }
            }
        }
        return instance;
    }
}
```

　　由這個簡單的單例模式可以看到，一樣的設計模式在不同的情境之下程式碼會有不同的變化。因此當學習設計模式的時候，要知道設計模式不會是一段固定的程式碼，而是一種如何解決特定問題的想法概念。

簡單工廠模式 Simple Factory

目的：定義一個簡單工廠，傳入不同的參數取得不同的類別物件。

　　簡單工廠又稱為靜態工廠模式，一般來說同一工廠內所產生的類別會有一個共同的父類別（介面）。

首先，先從新手村開始

　　簡單工廠模式是一種管理物件創建的模式，隨著輸入的參數不同，簡單工廠會回傳不同的物件，使用者取得物件的時候只要傳入正確的參數，不需要去理解物件實際產生的過程。

　　現在要設計一個訓練冒險者 Adventurer 的訓練營 Training Camp，裡面可以訓練的冒險者種類有弓箭手 Archer、鬥士 Warrior。套到簡單工廠模式中，訓練營就是我們的簡單工廠（Simple Factory），冒險者則是產品的父類別（Product），弓箭手與鬥士為實體產品（Concrete Product）。如果有人要來招募冒險者組隊，只要跟訓練營說請幫我訓練一個冒險者就可以，不用去理解訓練過程。

　　要多訓練一種新型態的冒險者，牧師 Priest，只要在 trainAdventurer 方法內增加一個 switch case 分支就好。不過這樣直接修改 Training Camp 類別的程式碼，違反了開放 / 封閉原則，因此簡單工廠不能算是一個健全的設計模式，不過如果簡單工廠在小型的軟體架構中很好用，因此一般設計模式的教學都會從簡單工廠模式開始，實務上也常常會用到這個簡單的模式。

CHAPTER	DAYS
00	1st
01	
02	
03	
04	2nd
05	
06	
07	
08	3rd
09	
10	
11	
12	4th
13	
14	
15	
16	5th
17	
18	
19	
20	6th
21	
22	
23	7th
24	
25	

閱讀預定日

□□月□□日

閱讀完成 □

類別圖

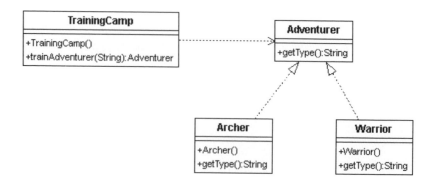

程式碼

產品介面與實作類別 Product and Concrete Product

```java
// 冒險者 (Product)
public interface Adventurer {
    String getType();
}

// 弓箭手 (Concrete Product)
public class Archer implements Adventurer {
    @Override
    public String getType() {
        System.out.println(" 我是弓箭手 ");
        return  this.getClass().getSimpleName();
    }
}

// 鬥士 (ConcreteProduct)
public class Warrior implements Adventurer {
    @Override
    public String getType() {
        System.out.println(" 我是鬥士 ");
        return  this.getClass().getSimpleName();
    }
}
```

這串程式碼可以
取得類別名稱

簡單工廠類別 Simple Factory

```java
/**
 * 冒險者訓練營 (SimpleFactory)
 */
public class TrainingCamp {
    public static Adventurer trainAdventurer(String type){
        switch(type){
            case "archer" : {
                System.out.println(" 訓練一個弓箭手 ");
                return new Archer();
            }
            case "warrior": {
                System.out.println(" 訓練一個鬥士 ");
                return new Warrior();
            }
            // 假如冒險者種類新增，增加 case 就可以
            default : return null;
        }
    }
}
```

測試碼

```java
// 冒險者訓練營測試
public class VillageTest {
    @Test
    public void test(){
        // 新手村訓練冒險者
        Adventurer memberA = Village.trainAdventurer("archer");
        Adventurer memberB = Village.trainAdventurer("warrior");
        // 這邊用 Junit 來幫我們判斷訓練出來的冒險者是不是我們想要的
        Assert.assertEquals(memberA.getType(), "Archer");
        Assert.assertEquals(memberB.getType(), "Warrior");
    }
}
```

測試結果

```
========== 簡單工廠模式測試 ==========
訓練一個弓箭手
訓練一個鬥士
我是弓箭手
我是鬥士
```

MEMO

工廠模式 Factory

目的：提供一個工廠介面，將產生實體的程式碼交由子類別各自實現。

進化的新手村

上一章簡單工廠模式因為只有一個工廠，要新增產品種類要直接修改工廠類別裡面的程式碼，直接破壞了開放／封閉原則，在工廠模式中，我們將工廠（Factory）提升為一種抽象的概念，也就是說現在工廠是一個介面（Interface），工廠介面只會規範實體工廠類別（Concrete Factory）應該返回哪種產品，實際上要如何製作產品則交給實體工廠來實作。

現在訓練營已經被提升為一種概念，訓練各種冒險者的過程應該是不一樣的，不能像以前這樣一個訓練營訓練出所有種類的冒險者，例如培訓近身格鬥的鬥士與躲遠遠放冷箭的弓箭手應該會是不同的培訓過程。

新手村現在建立了兩座訓練營，弓箭手訓練營、鬥士訓練營，相信看名字就知道這兩種訓練訓練營的功能是什麼。如此一來，想要修改弓箭手的訓練流程，就修改弓箭手訓練營裡面的程式碼即可，不用擔心是否會影響鬥士訓練營的運作，而且如要增加冒險者的類別，例如說劍士，只要新增一座劍士訓練營，完全不會改動到抽象訓練營與現有的實體訓練營。

CHAPTER	DAYS
00	1st
01	
02	
03	
04	2nd
05	
06	
07	
08	3rd
09	
10	
11	
12	4th
13	
14	
15	
16	5th
17	
18	
19	
20	6th
21	
22	
23	7th
24	
25	

閱讀預定日

月　日

閱讀完成

類別圖

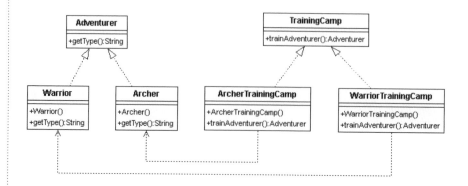

程式碼

產品介面與產品實作類別 Product and Concrete Product

```java
// 冒險者 (Product)
public interface Adventurer {
    String getType();}
}

// 弓箭手 (ConcreteProduct)
public class Archer implements Adventurer {
    @Override
    public String getType() {
        System.out.println(" 我是弓箭手 ");
        return  this.getClass().getSimpleName();
    }
}

// 鬥士 (ConcreteProduct)
public class Warrior implements Adventurer {
    @Override
    public String getType() {
        System.out.println(" 我是鬥士 ");
        return  this.getClass().getSimpleName();
    }
}
```

工廠介面與工廠實作類別 Factory and Concrete Factory

```java
public interface TrainingCamp {
    public Adventurer trainAdventurer();
}


/**
 * 弓箭手訓練營 (ConcreteFactory)
 */
public class ArcherTrainingCamp implements TrainingCamp {

    @Override
    public Adventurer trainAdventurer() {
        System.out.println("訓練一個弓箭手");
        return new Archer();
    }

}

/**
 * 鬥士訓練營 (ConcreteFactory)
 */
public class WarriorTrainingCamp implements TrainingCamp {
    @Override
    public Adventurer trainAdventurer() {
        System.out.println("訓練一個鬥士");
        return new Warrior();
    }
}
```

冒險者訓練營介面 (Factory)- 這邊只是一個概念或規範，要訓練什麼，怎麼訓練留給子類別實作

測試碼

```java
/**
 * 冒險者訓練營測試
 */
public class TrainingCampTest {
    @Test
    public void test(){
        System.out.println("========== 工廠模式測試 ==========");

        // 訓練營訓練冒險者
        // 先用弓箭手訓練營訓練弓箭手
        TrainingCamp trainingCamp = new ArcherTrainingCamp();
        Adventurer memberA = trainingCamp.trainAdventurer();
```

```
// 用鬥士訓練營訓練鬥士
trainingCamp = new WarriorTrainingCamp();
Adventurer memberB = trainingCamp.trainAdventurer();

// 看看是不是真的訓練出我們想要的冒險者
Assert.assertEquals(memberA.getType(), "Archer");
Assert.assertEquals(memberB.getType(), "Warrior");
    }
}
```

測試結果

```
========== 工廠模式測試 ==========
訓練一個弓箭手
訓練一個鬥士
我是弓箭手
我是鬥士
```

工廠模式與抽象工廠模式比較

· 簡單工廠模式：工廠直接負責管理所有產品的生產工作，利用 if else 或 switch case 判斷式來產生產品。

· 工廠模式：工廠提升為一個概念，實際上管理產品生產工作的是實作工廠概念的實體工廠。

抽象工廠模式 Abstract Factory

目的：用一個工廠介面來產生一系列相關的物件，但實際建立哪些物件由實作工廠的子類別來實現。

出發冒險之前，一定要有裝備

有了冒險者之後，他們還需要各種裝備才能出門探險，假如一個冒險者需要武器、頭盔、上衣、褲子、鞋子 5 種裝備，村莊內又有 4 種不同專業的冒險者，這樣我們就要建立 20 種工廠類別來生產裝備，而且每增加一種冒險者類別，就要多增加 5 個實體工廠類別，如果使用剛才的工廠模式來管理生產裝備，實體工廠類別就會變非常得多，這時候有點經驗的程式設計師就會意識到程式碼可能因此變雜亂不易維護。

在這種情境之下，工廠模式不能解決我們的問題，抽象工廠可以。來改變一下工廠的定義，首先工廠仍然只是一個抽象介面，但是工廠介面現在的規範不是工廠現在生產的不是一種產品，而是生產一個冒險者類別一系列所有的裝備，也就是說一間工廠要生產武器、頭盔、上衣、褲子、鞋子 5 種產品（Product），當然有了抽象工廠介面後當然也需要實體工廠（Concrete Factory），例如說鬥士裝備生產工廠就會生產一系列的鬥士裝備（Concrete Product），這就是抽象工廠模式。

以下範例讓我偷懶一下，一個冒險者只有武器與上衣兩種裝備就好。

CHAPTER	DAYS
00	1st
01	
02	
03	
04	2nd
05	
06	
07	
08	3rd
09	
10	
11	
12	4th
13	
14	
15	
16	5th
17	
18	
19	
20	6th
21	
22	
23	7th
24	
25	

閱讀預定日

月　日

閱讀完成

類別圖

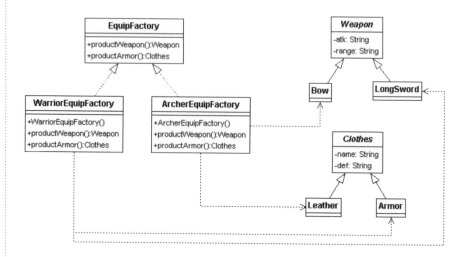

程式碼

產品介面與實體產品類別 Product and Concrete Product

```
/**
 * 上衣介面 (Product)
 */
public abstract class Clothes {
    protected int def;     // 防禦力

    public void display(){
        System.out.println(this.getClass().getSimpleName() +
        " def = " + def);
    }
    // 以下省略 getter setter
}

/**
 * 盔甲 (ConcreteProduct) - 鬥士上衣
 */
public class Armor extends Clothes {

}
```

```java
/**
 * 皮甲 (ConcreteProduct) - 弓箭手上衣
 */
public class Leather extends Clothes {

}

/**
 * 武器介面 (Product)
 */
public abstract class Weapon {
    protected int atk;        // 攻擊力
    protected int range;      // 攻擊範圍

    /**
     * 展示武器
     */
    public void display(){
        System.out.println(this.getClass().getSimpleName() +
                        " atk = " + atk + " , range = " + range);
    }

    // 以下省略 getter setter
}

/**
 * 長劍 (ConcreteProduct) - 鬥士武器
 */
public class LongSword extends Weapon {

}

/**
 * 弓 (ConcreteProduct) - 弓箭手武器
 */
public class Bow extends Weapon {

}
```

工廠介面與實體工廠類別

```java
/**
 * 裝備工廠介面 (Factory) - 定義每一間工廠應該生產哪些東西
 */
public interface EquipFactory {
    /**
     * 製造武器
     */
    Weapon productWeapon();
    /**
     * 製造衣服
     */
    Clothes productArmor();
}

/**
 * 專門生產鬥士裝備的工廠 (ConcreteFactory)
 */
public class WarriorEquipFactory implements EquipFactory{

    @Override
    public Weapon productWeapon() {
        LongSword product = new LongSword();
        product.setAtk(10);
        product.setRange(1);
        return product;
    }

    @Override
    public Clothes productArmor() {
        Armor product = new Armor();
        product.setDef(10);
        return product;
    }
}

/**
 * 專門生產弓箭手裝備的工廠 (ConcreteFactory)
 */
public class ArcherEquipFactory implements EquipFactory{

    @Override
    public Weapon productWeapon() {
        Bow product = new Bow();
```

```
        product.setAtk(10);
        product.setRange(10);
        return product;
    }

    @Override
    public Clothes productArmor() {
        Leather product = new Leather();
        product.setDef(5);
        return product;
    }

}
```

工廠模式與抽象工廠模式比較

- 工廠模式：工廠模式注重的是如何產生一個物件，例如弓箭手訓練營只要負責如果生產出弓箭手。
- 抽象工廠模式：抽象工廠模式注重在產品的抽象關係，像武器與衣服本來是扯不上關係的兩種物品，不過這兩種物品都是屬於同一種冒險者的裝備，因此他們就有了這層抽象關係。

　　現在已經有各式各樣的工廠可以生產裝備，接下來就看看實際上要怎麼給冒險者裝備。

　　首先要先為冒險者增加兩個屬性，武器 Weapon，衣服 Clothes。接下來訓練營內必須要有對應的工廠來生產對應的裝備。客戶端程式碼與工廠模式一樣，不過現在冒險者們在訓練後就會獲得基礎裝備了。

測試碼

跟抽象工廠模式沒直接關係的冒險者，這些只是為了測試用，裝備生產出來總是要有人使用

```
// 工廠與各種裝備同上頁

/**
```

```
 * 冒險者
 */
public abstract class Adventurer {
    protected Weapon weapon;      // 武器
    protected Clothes clothes;    // 衣服
    /**
     * 看冒險者的狀態
     */
    public abstract void display();
    // getter & setter 省略
}


/**
 * 實體工廠 - 弓箭手訓練營
 */
public class ArcherTrainingCamp implements TrainingCamp {
    private static EquipFactory factory = new ArcherEquipFactory();

    @Override
    public Adventurer trainAdventurer() {
        System.out.println("訓練一個弓箭手");
        Archer archer = new Archer();
        // ... 進行基本訓練
        // ... 弓箭手訓練課程
        // 訓練完成配發裝備
        archer.setWeapon(factory.productWeapon());
        archer.setClothes(factory.productArmor());
        return archer;
    }

}


/**
 * 工廠介面 - 冒險者訓練營
 *（這只是一個概念或規範，要訓練什麼，怎麼訓練留給子類別實作）
 */
public interface TrainingCamp {
    /**
     * 訓練冒險者的過程，訓練後請給我一個冒險者
     */
    public Adventurer trainAdventurer();

}

/**
```

```
 * 實體工廠 – 弓箭手訓練營
 */
public class ArcherTrainingCamp implements TrainingCamp {
    private static EquipFactory factory = new ArcherEquipFactory();

    @Override
    public Adventurer trainAdventurer() {
        System.out.println(" 訓練一個弓箭手 ");
        Archer archer = new Archer();
        // ... 進行基本訓練
        // ... 弓箭手訓練課程
        // 訓練完成配發裝備
        archer.setWeapon(factory.productWeapon());
        archer.setClothes(factory.productArmor());
        return archer;
    }
}

/**
 * 實體工廠 – 鬥士訓練營
 */
public class WarriorTrainingCamp implements TrainingCamp {
    private static EquipFactory factory = new WarriorEquipFactory();

    @Override
    public Adventurer trainAdventurer() {
        System.out.println(" 訓練一個鬥士 ");
        Warrior warrior = new Warrior();
        // ... 進行基本訓練
        // ... 鬥士訓練課程

        // 訓練完成配發裝備
        warrior.setWeapon(factory.productWeapon());
        warrior.setClothes(factory.productArmor());
        return warrior;
    }
}

/**
 * 弓箭手
 */
public class Archer extends Adventurer {

    @Override
    public void display() {
```

```java
        System.out.println(" 我是弓箭手，裝備 :");
        weapon.display();
        System.out.println();
        clothes.display();
        System.out.println();
    }
}

/**
 * 鬥士
 */
public class Warrior extends Adventurer {
    @Override public void display() {
        System.out.println(" 我是弓箭手，裝備 :");
        weapon.display();
        System.out.println();
        clothes.display();
        System.out.println();
    }
}
```

測試碼

```java
/**
 * 抽象工廠模式 – 測試
 */
public class EquipFactoryTest {
    private EquipFactory equipFactory;
    @Test
    /**
     * 測試工廠是否能正確生產裝備
     */
    public void equipFactoryTest(){
        System.out.println("========== 抽象工廠模式測試 ==========");

        // 幫弓箭手生產裝備
        equipFactory = new ArcherEquipFactory();
        Clothes archerLeather = equipFactory.productArmor();
        Weapon archerBow = equipFactory.productWeapon();

        // 皮甲的防禦應該是 5，弓的攻擊為 10，範圍為 10
        Assert.assertEquals(5, archerLeather.getDef());
        Assert.assertEquals(10, archerBow.getAtk());
        Assert.assertEquals(10, archerBow.getRange());
```

```
    // 幫鬥士生產裝備
    equipFactory = new WarriorEquipFactory();
    Clothes armor = equipFactory.productArmor();
    Weapon longSword = equipFactory.productWeapon();

    // 盔甲的防禦應該是 10，弓的攻擊為 10，範圍為 1
    Assert.assertEquals(10, armor.getDef());
    Assert.assertEquals(10, longSword.getAtk());
    Assert.assertEquals(1, longSword.getRange());


    // 弓箭手訓練營
    TrainingCamp camp = new ArcherTrainingCamp();
    // 訓練弓箭手
    Adventurer archer = camp.trainAdventurer();

    // 鬥士訓練營
    camp = new WarriorTrainingCamp();
    // 訓練鬥士
    Adventurer warrior = camp.trainAdventurer();

    archer.display();
    warrior.display();
  }
}
```

測試結果

```
========== 抽象工廠模式測試 ==========
我是弓箭手，裝備：
  Bow atk:10 range:10
  Leather def:5
我是弓箭手，裝備：
  LongSword atk:10 range:1
  Armor def:10
```

MEMO

策略模式 Strategy

目的：將各種可以互換的演算法（策略）包裝成一個類別。

冒險者要來打怪物了

經過了新手村刻苦的訓練，冒險者終於踏出了村莊，面對不同的怪物，冒險者需要選擇不同的戰鬥策略（Strategy）來跟各種怪物戰鬥，例如說一般的小怪物就隨便砍兩刀就好，遇到強一點的怪物可能就需要放技能來造成大量的傷害，遇到刀槍不入的殭屍就用火來燒。

在策略模式中，會有規範用的策略介面（Strategy），各種實際上的戰鬥策略則是實體策略（Concrete Strategy），使用策略的冒險者則是環境類別（Context）。

類別圖

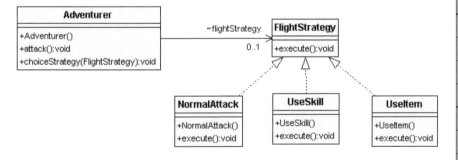

CHAPTER	DAYS
00	1st
01	
02	
03	
04	2nd
05	
06	
07	
08	3rd
09	
10	
11	
12	4th
13	
14	
15	
16	5th
17	
18	
19	
20	6th
21	
22	
23	7th
24	
25	

閱讀預定日

　月　　日

閱讀完成

程式碼

策略介面與策略實作 Strategy and Concrete Strategy

```java
/**
 * 戰鬥策略 (Strategy)
 */
public interface FlightStrategy {
    /**
     * 執行戰鬥策略
     */
    void execute();
}

/**
 * 一般攻擊 (ConcreteStrategy)
 */
public class NormalAttack implements FlightStrategy {
    @Override
    public void execute() {
        System.out.println(" 使用一般攻擊 ");
    }
}

/**
 * 使用技能 (ConcreteStrategy)
 */
public class UseSkill implements FlightStrategy {
    @Override
    public void execute() {
        System.out.println(" 使用超級痛的技能攻擊 ");
    }
}

/**
 * 使用道具 (ConcreteStrategy)
 */
public class UseItem implements FlightStrategy {
    @Override
    public void execute() {
        System.out.println(" 使用道具，丟火把 ");
    }
}
```

環境類別 Context

```java
/**
 * 冒險者 (Context)
 */
public class Adventurer {
    FlightStrategy flightStrategy;   // 不同戰鬥方式效果不同 (strategy)
    /**
     * 攻擊
     */
    public void attack(){
        if(flightStrategy == null){
            flightStrategy = new NormalAttack();
        }
        flightStrategy.execute();
    }


    /**
     * 選擇不同的武器（策略）
     */
    public void choiceStrategy(FlightStrategy strategy){
        this.flightStrategy = strategy;
    }
}
```

測試碼

```java
/**
 * 策略模式 – 測試
 */
public class FlightTest {

    @Test
    public void test(){
        Adventurer ad = new Adventurer();

        // 史萊姆用一般攻擊就可以
        System.out.println(" 出現史萊姆 >");
        ad.choiceStrategy(new NormalAttack());
        ad.attack();
        System.out.println();

        // 厲害的敵人要用厲害的招式打他
        System.out.println(" 非常非常巨大的史萊姆 >");
```

更換策略

```
ad.choiceStrategy(new UseSkill());
ad.attack();
System.out.println();

// 出現不怕刀槍只怕火的敵人，丟道具燒他
System.out.println(" 出現不怕刀槍的殭屍 >");
ad.choiceStrategy(new UseItem());
ad.attack();
    }

}
```

測試結果

```
========== 策略模式測試 ==========
出現史萊姆 >>>
使用一般攻擊

非常非常巨大的史萊姆 >>>
使用超級痛的技能攻擊

出現不怕刀槍的殭屍 >>>
使用道具，丟火把
```

策略模式實例 - 排序

在 Java 提供的 API 中可以找到策略模式的實際應用，Collection 類別提供了 sort 這個方法來對一群資料進行排序，我們來看看這個方法的宣告：

Collections.sort(List list, Comparator<? super T> c)

sort 方法接收兩個參數，第一個為要排序的 List，第二個是 Comparator，Comparator 裡面的演算法決定如何排序清單中的資料，不同的 Comparator 在這邊就是不同的策略（Strategy）。

這邊有三個村莊，分別將以 ID 排序的 Comparator（SortVillage ById）、以名稱排序的 Comparator（SortVillageByName）、以人口排序

的 Comparator（SortVillageByPopulation）傳入 sort，對清單中的村莊進行排序。

程式碼

```java
/**
 * 村莊類別，等等拿來做排序用
 */
public class Village {
    public int id;
    public String name;
    public int population;
    public double area;

    public Village (int id, String name, int population, double area){
        this.id = id;
        this.name = name;
        this.population = population;
        this.area = area;
    }

    @Override
    public String toString(){
        return id + "." + name + "(人口: " + population +
        " 面積: "+ area + ")";
    }
}


/**
 * 使用 ID 排序 (ConcretStrategy)
 */
public class SortVillageById implements Comparator<Village>{
    @Override
    public int compare(Village o1, Village o2) {
        if(o1.id > o2.id){
            return 1;
        }

        if(o1.id < o2.id){
            return -1;
        }
```

return 1 表示 o1 排在 o2 前面

return -1 表示 o1 排在 o2 後面

```
            return 0;
        }
    }


    /**
     * 用村莊面積做排序 (ConcretStrategy)
     */
    public class SortVillageByArea implements Comparator<Village>{
        @Override
        public int compare(Village o1, Village o2) {
            if(o1.area > o2.area){
                return 1;
            }

            if(o1.area < o2.area){
                return -1;
            }
            return 0;
        }
    }


    /**
     * 村莊名稱做排序 (ConcretStrategy)
     */
    public class SortVillageByName implements Comparator<Village>{
        @Override
        public int compare(Village o1, Village o2) {
            if(o1.name.charAt(0) > o2.name.charAt(0)){
                return 1;
            }

            if(o1.name.charAt(0) < o2.name.charAt(0)){
                return -1;
            }
            return 0;
        }
    }



    /**
     * 策略模式排序 – 測試
     */
    public class StrategyExample {

        public static void main(String[] args) {
```

```
        Village appleFarm = new Village(3,"apple farm",32,5.1);
        Village barnField = new Village(1,"barn field",22,1.7);
        Village capeValley = new Village(2,"cape valley",10,10.2);


        ArrayList<Village> vilages = new ArrayList<>();
        vilages.add(appleFarm);
        vilages.add(barnField);
        vilages.add(capeValley);

        System.out.println(" 沒排序過的資料 ");
        showList(vilages);

        System.out.println(" 根據 ID 排序 ");
        Collections.sort(vilages,new SortVillageById());
        showList(vilages);

        System.out.println(" 根據名字排序 ");
        Collections.sort(vilages,new SortVillageByName());
        showList(vilages);

        System.out.println(" 根據人口排序 ");
        Collections.sort(vilages,new SortVillageByPopulation());
        showList(vilages);

        System.out.println(" 根據面積排序 ");
        Collections.sort(vilages,new SortVillageByArea());
        showList(vilages);
    }

    public static void showList (ArrayList<Village> list){
        for(Village v : list){
            System.out.println(v);
        }
    }
}
```

測試結果

```
========== 策略模式排序測試 ==========
沒排序過的資料
3.apple farm( 人口 : 32 面積 : 5.1)
1.barn field( 人口 : 22 面積 : 1.7)
2.cape valley( 人口 : 10 面積 : 10.2)
```

```
根據 ID 排序
1.barn field(人口：22 面積：1.7)
2.cape valley(人口：10 面積：10.2)
3.apple farm(人口：32 面積：5.1)
根據名字排序
3.apple farm(人口：32 面積：5.1)
1.barn field(人口：22 面積：1.7)
2.cape valley(人口：10 面積：10.2)
根據人口排序
2.cape valley(人口：10 面積：10.2)
1.barn field(人口：22 面積：1.7)
3.apple farm(人口：32 面積：5.1)
根據面積排序
1.barn field(人口：22 面積：1.7)
3.apple farm(人口：32 面積：5.1)
2.cape valley(人口：10 面積：10.2)
```

策略模式與簡單工廠模式有什麼不同？

簡單工廠模式

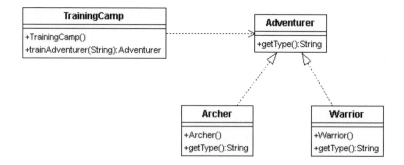

策略模式

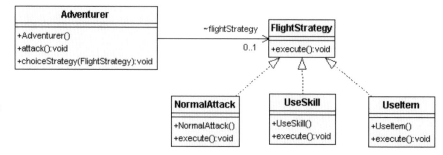

這問題我困擾了很久，簡單工廠模式跟策略模式的類別圖看起來根本是一模一樣的，用法似乎也是一樣 !!

訓練營提供不同的冒險者讓我們可以去進行不同的任務 vs 冒險者選擇不同的攻擊策略來攻擊怪物。

上面這兩句怎麼看都只是把名詞換掉而已，在 Google 大神找遍了中英文各家解釋，一般來說會得到這樣的答案：

- 簡單工廠模式是用來建立物件的模式，關注物件如何被產生
- 策略模式是一種行為模式，關注的是行為的封裝

筆者第一次看的時候，無法從上面這兩句話看出這兩個模式有什麼差異 ???

遍訪網誌並且努力咀嚼苦思之後，以下是我給自己的答案：

關鍵在於使用的時機，看下面的程式碼，簡單工廠模式只負責創立物件，因此只要跟訓練營 Factory 說，給我一個弓手 Product，給我一個鬥士 Product，訓練營就會給你一個相對應的冒險者，致於這個冒險者要去燒殺擄掠還是解救村民，訓練營表示不關我的事情，我也不想知道，我只負責訓練冒險者；現在換到策略模式，冒險者根據不同的情境來產生攻擊策略，因此我們關注的點變成在策略 Strategy 本身，而不是使用策略的冒險者。選擇什麼樣的策略現在才是真正重要的事情，至於這個策略怎麼來的，我們並不在乎。

兩者的差別在於工廠模式中的工廠類別並不會去使用產品，因為工廠模式只關注在如何產生建立物件；在策略模式中的環境類別則是使用外部傳入的策略類別，因此我們必須知道傳入策略的實際內容才行。

做完總結後，發現自己的結論跟網路上找到的那兩句是一樣的，有時候學習就是這麼一回事，不是自己的經歷、沒自己思考過，即使明明解答就在面前，還是無法領會。

簡單工廠模式

```java
@Test
public void test(){
    System.out.println("========= 簡單工廠模式測試 =========");

    // 訓練營訓練冒險者
    Adventurer memberA = TrainingCamp.trainAdventurer("archer");
    Adventurer memberB = TrainingCamp.trainAdventurer("warrior");

    // 看看是不是真的訓練出我們想要的冒險者
    Assert.assertEquals(memberA.getType(), "Archer");
    Assert.assertEquals(memberB.getType(), "Warrior");
    //memberB 應該是 Warrior 不是 Knight，因此這邊會報錯
    // Assert.assertEquals(memberB.getType(), "Knight");
}
```

工廠類別只負責製造產品，不使用產品

策略模式

```java
@Test
public void test(){
    Adventurer ad = new Adventurer();

    // 史萊姆用一般攻擊就可以
    System.out.println(" 出現史萊姆 >>>");
    ad.choiceStrategy(new NormalAttack());
    ad.attack();
    System.out.println();

    // 厲害的敵人要用厲害的招式打他
    System.out.println(" 非常非常巨大的史萊姆 >>>");
    ad.choiceStrategy(new UseSkill());
    ad.attack();
    System.out.println();
}
```

環境類別 (Adventurer) 不生產而是使用策略

裝飾者模式 Decorator

CHAPTER

07

CHAPTER	DAYS
00	1st
01	
02	
03	
04	2nd
05	
06	
07	
08	3rd
09	
10	
11	
12	4th
13	
14	
15	
16	5th
17	
18	
19	
20	6th
21	
22	
23	7th
24	
25	

閱讀預定日

□□月□□日

閱讀完成 □

目的：動態的將功能附加在物件上。

冒險者！取得各式各樣的稱號來強化自己

「風暴降生，不焚者，彌林女王，安達爾人，羅伊納人和先民的女王，七國統治者暨全境守護者、多斯拉克大草原的卡麗熙、碎鐐者、龍之母」，前面這一串封號跟裝飾者模式其實沒什麼關係，不過說到稱號，我就會想起這串讓人驚嘆的超長稱號。

在遊戲中，冒險者可以透過各種冒險或訓練得到稱號加強本身的能力，例如說「強壯的冒險者」攻擊力比較高，「堅毅的冒險者」生命力比較高，「炎龍的冒險者」攻擊的時候可以讓敵人身上著火。一開始我們可能會用一個冒險者介面，然後每一個稱號都是實作冒險者介面的子類別來實現這樣的架構，不過冒險者是可以取得很多稱號的，例如「強壯的堅毅的敏捷的冒險者」，「強壯飛翔的冒險者」等等各種交叉排列組合，如果可以選的稱號有 3 種，那我們就要建立 3x2x1 = 6 個子類別，如果可以選的稱號有 5 種，那要建立的子類別就多達 5x4x3x2x1 = 120 種。這還沒算上冒險者可以取得重複的稱號的情況，例如「強壯的強壯的冒險者」，那要建立的子類別就更多了。

為了避免上面這種很可怕的事情發生，這邊可以使用裝飾者模式來處理，直接來看類別圖。首先抽象的冒險者介面在裝飾模式中就是被裝飾者（Component），增加能力用的稱號介面 Title 則是裝飾者（Decorator）；當然實際上使用的時候會有實作冒險者的類別，這邊就是長槍兵 Lancer 類別，真正讓我們的小長槍兵變得更強大的是實作稱號介面的實體稱號類別。在應用的時候，你可以想像成實體稱號類別包覆了長槍兵類別使他有更強大的能力。

　　下面三行測試碼，以程式碼結構來看會像下圖。第一句我們建立了長槍兵 Jacky，他一開始只是一般的小槍兵，只能使用普通的長槍戳人，無法使用任何技能；第二句程式碼中，我們讓 Jacky 取得 TitleStrong 稱號，變成強壯的長槍兵；第三句 TitleAgile 包覆了強壯的長槍兵，因此 Jacky 現在是敏捷強壯的長槍兵。

```
1.   Adventurer lancer = new Lancer("Jacky");
2.   TitleStrong sJacky = new TitleStrong(lancer);
3.   TitleAgile aJacky = new TitleAgile(sJacky);
```

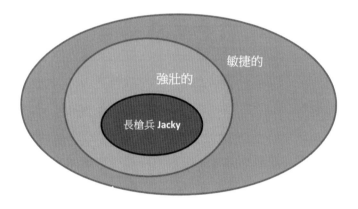

類別圖

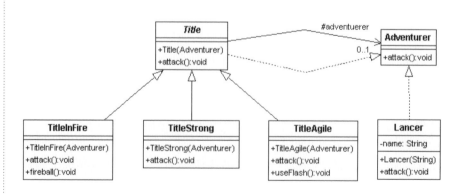

程式碼

被裝飾物件 Component 介面與實作類別

```java
/**
 * 冒險者介面 (Component) – 規範冒險者應該有的功能
 */
public interface Adventurer {
    /**
     * 攻擊
     */
    void attack();
}


/**
 * 長槍兵 (ConcreteComponent)
 */
public class Lancer implements Adventurer{
    // 冒險者的姓名
    private String name ;

    // 冒險者被創立的時候要有姓名
    public Lancer(String name){
        this.name = name;
    }

    // 攻擊
    public void attack(){
        System.out.println("長槍攻擊 by " + name);
    }
}
```

裝飾者介面 Decorator 與實作類別

```java
/**
 * 稱號介面 (Decorator)
 */
public abstract class Title implements Adventurer{

    protected Adventurer adventuerer;          ← 被裝飾的冒險者

    public Title(Adventurer adventuerer){
        this.adventuerer = adventuerer;
```

```java
    }

    @Override
    public void attack(){
        adventuerer.attack();
    }
}

/**
 * 稱號 – 強壯
 */
public class TitleStrong extends Title{
    public TitleStrong(Adventurer adventurer) {
        super(adventurer);
    }

    // 稱號讓攻擊力增加
    @Override
    public void attack(){
        System.out.print(" 猛力 ");
        super.attack();
    }
}


/**
 * 稱號 – 敏捷
 */
public class TitleAgile extends Title{

    public TitleAgile(Adventurer adventuerer) {
        super(adventuerer);
    }

    // 稱號讓攻擊變快
    @Override
    public void attack(){
        System.out.print(" 快速 ");
        super.adventuerer.attack();
    }

    // 取得稱號後獲得新的技能
    public void useFlash(){
        System.out.println(" 使用瞬間移動 ");
    }
```

```
}

/**
 * 稱號 – 燃燒
 */
public class TitleInFire extends Title{
    public TitleInFire(Adventurer adventurer) {
        super(adventurer);
    }

    // 稱號讓攻擊增加燃燒
    @Override
    public void attack(){
        System.out.print(" 燃燒 ");
        super.attack();
    }

    public void fireball(){
        System.out.println(" 丟火球 ");
    }
}
```

測試碼

```
/**
 * 裝飾者模式 – 測試
 */
public class TitleTest {
    @Test
    public void test(){
        System.out.println("============ 裝飾者模式測試 ============");

        // 一開始沒有任何稱號的冒險者
        Adventurer lancer = new Lancer("Jacky");
        System.out.println("--- 長槍兵 Jacky---");
        lancer.attack();

        System.out.println();
        System.out.println("--- 取得強壯稱號的 jacky---");
        TitleStrong sJacky = new TitleStrong(lancer);
        sJacky.attack();
```

```
        System.out.println();
        System.out.println("--- 取得敏捷稱號的 jacky---");
        TitleAgile aJacky = new TitleAgile(sJacky);
        aJacky.attack();
        aJacky.useFlash();

        System.out.println();
        System.out.println("--- 取得燃燒稱號的 jacky---");
        TitleInFire fJacky = new TitleInFire(sJacky);
        fJacky.attack();
        fJacky.fireball();

        System.out.println("---jacky 決定成為一個非常強壯的槍兵 ---");
        TitleStrong ssJacky = new TitleStrong(fJacky);
        ssJacky.attack();
    }
}
```

稱號是可以重複的 → `TitleStrong ssJacky = new TitleStrong(fJacky);`

測試結果

```
============ 裝飾者模式測試 ============
--- 長槍兵 Jacky---
長槍攻擊 by Jacky

--- 取得強壯稱號的 jacky---
猛力 長槍攻擊 by Jacky

--- 取得敏捷稱號的 jacky---
快速 猛力 長槍攻擊 by Jacky
使用瞬間移動

--- 取得燃燒稱號的 jacky---
燃燒 猛力 長槍攻擊 by Jacky
丟火球
---jacky 決定成為一個非常強壯的槍兵 ---
猛力 燃燒 猛力 長槍攻擊 by Jacky
```

裝飾者模式實例 File IO

最著名的裝飾模式應用，應該就是 java.io 這套讀寫檔案的 API 了，這邊取出幾個 java.io package 內的類別，類別圖如下：

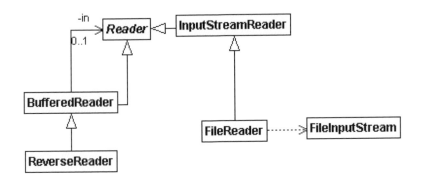

Reader 是被裝飾者介面（實際上是抽象類別），FileReader 與 InputStreamReader 是實作類別，也就是實際上的被裝飾者。左邊的 BufferedReader 是裝飾者，最主要的功能是提供一個 readLine 的方法，這個方法可以讓 Reader 一次讀取一行文字，比起 FileReader 一次只能讀取一個字元，使用上方便許多。

這邊可以先看一下測試碼，第一段是使用 FileReader 讀取 test.txt 的內容，第二段則是用 BufferedReader 讀取，第三段使用我們自己寫的 ReverseReader 裝飾者，它與 BufferedReader 一樣可以用來增加 FileReader 的功能，這邊提供的是 reverseLine 方法來將讀出的字串反轉。

測試碼

```
/**
 * 裝飾模式實例 javaIO- 測試
 */
public class JavaIOTest {
    @SuppressWarnings("resource")
    @Test
    public void test() throws IOException{
```

```
System.out.println("========FileReader 讀取檔案 ========");
FileReader reader = new FileReader("test.txt");
int c = reader.read();
while (c >= 0) {
    System.out.print((char)c);
    c = reader.read();
}

System.out.println("====ufferedReader 讀取檔案 ====");
BufferedReader bufferedReader
= new BufferedReader(new FileReader("test.txt"));

String line = bufferedReader.readLine();;
while (line!=null) {
    System.out.println(line);
    line = bufferedReader.readLine();
}

System.out.println("====Reverse Reader 反轉讀入的內容 ====");
// 測試將讀入的句子倒轉
ReverseReader reverseReader
= new ReverseReader(new FileReader("test.txt"));

String rLine = reverseReader.reverseLine();
while (rLine!=null) {
    System.out.println(rLine);
    rLine = reverseReader.reverseLine();
}
    }
}
```

ReverseReader 程式碼

```
/**
 * 裝飾類別 – 將讀入的字串反轉
 */
public class ReverseReader extends BufferedReader{

    public ReverseReader(Reader in) {
        super(in);
    }

    public String reverseLine() throws IOException {
        String line = super.readLine();
```

```
        if(line == null) return null;
        return reverse(line);
    }

    // 反轉字串
    private String reverse(String source){
        String result = "";
        for(int i = 0; i < source.length() ; i++ ){
            result = source.charAt(i) + result;
        }
        return result;
    }
}
```

測試結果

```
=========FileReader 讀取檔案 ==========
apple pen
pineapple pen
=========BufferedReader 讀取檔案 ==========
apple pen
pineapple pen
=========Reverse Reader 反轉讀入的內容 ==========
nep elppa
  nep elppaenip
```

MEMO

觀察者模式 Observer

目的：處理一個物件對應多個物件之間的連動關係。

當一個被觀察物件（**Subject**）改變時，其他的觀察者物件（**Observer**）都會收到通知並且執行對應的動作。

冒險者協會發任務了

做為村莊內最重要的組織，冒險者協會定期會發布一些任務讓整天無所事事的冒險者們有事情做，避免閒置人口太多，當協會發布任務通知時，每一名關注協會訊息的冒險者就會接收到訊息並且做出對應的動作，發佈 / 訂閱就是觀察者模式的核心概念，協會為被觀察的主題（Subject），冒險者們則為關切主題的觀察者（Observer）。

接下來看類別圖，冒險者協會是實作介面的被觀察者實體（Concrete Subject）；另外一邊觀察者介面（Observer）定義觀察者的行為，冒險者們實作觀察者介面成為具體的觀察者（ConcreteObserver）。由下面的測試代碼可以看到，雖然協會發布給每一個冒險者的任務是一樣的，不過不同類型的冒險者卻會採取不一樣的行動。

類別圖

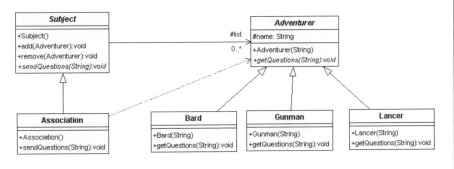

CHAPTER	DAYS
00	1st
01	
02	
03	
04	2nd
05	
06	
07	
08	3rd
09	
10	
11	
12	4th
13	
14	
15	
16	5th
17	
18	
19	
20	6th
21	
22	
23	7th
24	
25	

閱讀預定日

☐☐月☐☐日

閱讀完成 ☐

程式碼

被觀察者介面 Subject 與實作類別

```java
/**
 * 被觀察者介面 (Subject)
 */
public abstract class Subject {
    protected List<Adventurer> list = new ArrayList<>();
    /**
     * 觀察者想被通知
     */
    public void add(Adventurer observer){
        list.add(observer);
    };

    /**
     * 觀察者不想接到通知
     */
    public void remove(Adventurer observer){
        list.remove(observer);
    }

    /**
     * 貼出任務公告
     */
    public abstract void sendQuestions(String questions);
}

/**
 * 冒險者協會 (ConcreteSubject)
 */
public class Association extends Subject {

    @Override
    public void sendQuestions(String questions) {
        for(Adventurer adventurer : list){
            adventurer.getQuestions(questions);
        }
    }
}
```

觀察者介面 Observer 與實作類別

```java
/**
 * 冒險者 (Observer)
 */
public abstract class Adventurer {
    protected String name;

    public Adventurer(String name){
        this.name = name;
    }
    /**
     * 冒險者接受任務
     */
    public abstract void getQuestions(String questions);
}


/**
 * 槍兵 (ConcreteObserver)－繼承冒險者
 */
public class Lancer extends Adventurer {
    public Lancer(String name) {
        super(name);
    }

    @Override
    public void getQuestions(String questions) {
        System.out.println(name + ": 單來就改，任務來就接，沒在怕的 ");
    }
}


/**
 * 吟遊詩人 (ConcreteObserver)－繼承冒險者
 */
public class Bard extends Adventurer {

    public Bard(String name) {
        super(name);
    }

    @Override
    public void getQuestions(String questions) {
        if(questions.length() > 10){
            System.out.println(name + ": 任務太難了，我只會唱歌跳舞，不接不接 ");
        } else {
```

```java
            System.out.println(name +
                ": 當街頭藝人太難賺了，偶爾也是要解任務賺點錢的 ");
        }

    }
}

/**
 * 槍手 (ConcreteObserver) - 繼承冒險者
 */
public class Gunman extends Adventurer {

    public Gunman(String name) {
        super(name);
    }

    @Override
    public void getQuestions(String questions) {
        if(questions.length() < 10){
            System.out.println(name + ": 任務太簡單了，我不想理他 ");
        } else {
            System.out.println(name +
                ": 只要我的手上有槍，誰都殺不死我，出發執行任務賺獎金拉 !!!");
        }
    }
}
```

測試碼

```java
/**
 * 觀察者模式 - 測試
 */
public class AssociationTest {
    @Test
    public void test () {
        System.out.println("=========== 觀察者模式測試 ===========");

        // 冒險者們
        Adventurer lancer = new Lancer("jacky");
        Adventurer lancer2 = new Lancer("seven");
        Adventurer bard = new Bard("lee");
        Adventurer gunman = new Gunman("longWu");

        // 冒險者協會
```

```
        Subject association = new Association();
        association.add(lancer);
        association.add(lancer2);
        association.add(bard);
        association.add(gunman);

        System.out.println("--- 協會派送簡單任務 ---");
        association.sendQuestions("run");

        System.out.println();
        System.out.println("--- 協會派送複雜任務 ---");
        association.sendQuestions("run run run, run for your life");

        // seven 表示他不想接到任務通知了
        association.remove(lancer2);
        System.out.println();
        System.out.println("--- 協會派送複雜任務 (seven 已經不在名單中 )---");
        association.sendQuestions("run run run, run for your life");
    }
}
```

測試結果

```
============ 觀察者模式測試 ============
--- 協會派送簡單任務 ---
jacky: 單來就改，任務來就接，沒在怕的
seven: 單來就改，任務來就接，沒在怕的
lee: 當街頭藝人太難賺了，偶爾也是要解任務賺點錢的
longWu: 任務太簡單了，我不想理他

--- 協會派送複雜任務 ---
jacky: 單來就改，任務來就接，沒在怕的
seven: 單來就改，任務來就接，沒在怕的
lee: 任務太難了，我只會唱歌跳舞，不接不接
longWu: 只要我的手上有槍，誰都殺不死我，出發執行任務賺獎金拉 !!!

--- 協會派送複雜任務 (seven 已經不在名單中 )---
jacky: 單來就改，任務來就接，沒在怕的
lee: 任務太難了，我只會唱歌跳舞，不接不接
longWu: 只要我的手上有槍，誰都殺不死我，出發執行任務賺獎金拉 !!!
```

MEMO

命令模式 Command

目的：將各種請求（命令 Command）封裝成一個物件。

客戶端（Client）不直接發送請求給命令執行者（Receiver），而是將請求都交給接收者（Invoker），再由接收者轉交給命令執行者，接收者可將請求排成工作序列，也可以移除尚未執行的請求。

解完任務後到飲料店喝一杯吧

對冒險者們來說，解完任務後冒險者飲料店來喝一杯飲料，吃個甜點是很重要的，現在我們來看看這家飲料店的配置，首先外場有可愛的女服務生（Invoker）接受冒險者（Client）填的點餐訂單（Command），目前飲料店販賣的有飲料跟點心兩種產品，因此訂單也就分成了飲料訂單（Concrete Command）跟點心訂單（Concrete Command）兩種，全部的訂單都由廚房人員（Receiver）來負責處理，身為一家專業分工的飲料店，飲料訂單由搖飲料的小弟（Concrete Receiver）負責，點心廚師（Concrete Receiver）則負責做出美味的點心。

如此專業分工的好處是廚房人員不必直接與冒險者接觸，不用面對客人各種神奇的需求而專心在工作之上。另外在點餐時，服務生小妹也可以先檢查目前食材是否足夠，不夠的話就不需要麻煩廚房人員製作飲料或甜點了，多才多藝的服務生小妹在訂單還沒送出前，也可以隨時接受冒險者的要求取消訂單。

CHAPTER	DAYS
00	1st
01	
02	
03	
04	2nd
05	
06	
07	
08	3rd
09	
10	
11	
12	4th
13	
14	
15	
16	5th
17	
18	
19	
20	6th
21	
22	
23	7th
24	
25	

閱讀預定日

□□月□□日

閱讀完成 □

類別圖

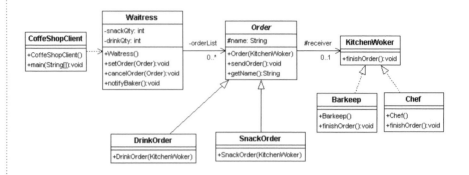

程式碼

```java
/**
 * 廚房人員 (Receiver)
 */
public interface KitchenWorker {
    /**
     * 完成訂單
     */
    void finishOrder();
}


/**
 * 搖飲料小弟 (ConcreteReceiver)
 */
public class Barkeep implements KitchenWorker{

    @Override
    public void finishOrder() {
        System.out.print("拿出杯子 -> 加滿冰塊 -> 把飲料倒進杯子 -> 飲料完成 ");
        System.out.println();
    }

}


/**
 * 點心廚師 (ConcreteReceiver)
 */
```

```java
public class Chef implements KitchenWorker {

    @Override
    public void finishOrder() {
        System.out.print(" 取出麵包 -> 美乃滋塗上滿滿的麵包 -> 丟進烤箱 ->
                          灑上可以吃的裝飾 -> 點心完成 ");
        System.out.println();
    }

}
```

Command 介面與實作類別

```java
/**
 * 訂單 (Command)
 */
public abstract class Order {
    // 廚房工作者 (receiver)
    protected KitchenWorker receiver;
    protected String name;

    public Order(KitchenWorker receiver){
        this.receiver = receiver;
    }

    // 將訂單送給廚房人員
    public void sendOrder(){
        receiver.finishOrder();
    }

    // 讓其他程式知道這是什麼訂單
    public String getName(){
        return this.name;
    }

}

/**
 * 飲料訂單 (ConcreteCommand)
 */
public class DrinkOrder extends Order {
    public DrinkOrder(KitchenWorker receiver) {
        super(receiver);
        super.name = "drinkOrder";
```

```
        }
    }

/**
 * 點心訂單 (ConcreteCommand)
 */
public class SnackOrder extends Order {
    public SnackOrder(KitchenWorker receiver) {
        super(receiver);
        super.name = "snackOrder";
    }
}
```

Invoker 類別

```
/**
 * 服務生 (Invoker)
 */
public class Waitress {
    private int snackQty = 2; // 製作點心的原料
    private int drinkQty = 4; // 飲料剩餘的杯數
    private List<Order> orderList = new ArrayList<>();

    /**
     * 服務生接收訂單
     * @param order
     */
    public void setOrder(Order order) {

        if(order.name.equals("snackOrder")){
            if(snackQty <= 0){
                System.out.println(" 點心賣完了 ");
            } else {
                System.out.println(" 增加點心訂單 ");
                snackQty--;
                orderList.add(order);
            }
        }

        if(order.name.equals("drinkOrder")){
            if(drinkQty <= 0){
                System.out.println(" 飲料賣完了 ");
            } else {
                System.out.println(" 增加飲料訂單 ");
                drinkQty--;
```

```
            orderList.add(order);
        }
    }
}

/**
 * 取消訂單
 * @param order
 */
public void cancelOrder(Order order) {

    if(order.name.equals("drinkOrder")){
        drinkQty++;
        System.out.println("取消一杯飲料");
    }

    if(order.name.equals("snackOrder")){
        snackQty++;
        System.out.println("取消一個點心");
    }
    orderList.remove(order);
}

/**
 * 將訂單送到廚房
 */
public void notifyBaker() {
    for(Order order : orderList){
        order.sendOrder();
    }
    orderList.clear();
}
}
```

測試碼

```
public class CoffeShopClient {
    public static void main(String[] args) {
        System.out.println("============ 命令模式測試 ============");
        // 開店前準備
        Chef snackChef = new Chef();
        Barkeep  barkeep = new Barkeep ();
        Order snackOrder = new SnackOrder(snackChef);
        Order drinkOrder = new DrinkOrder(barkeep);
```

```
        Waitress cuteGirl = new Waitress();
        System.out.println("==== 客人點餐 ====");

        // 開始營業 客戶點餐
        cuteGirl.setOrder(snackOrder);
        cuteGirl.setOrder(snackOrder);
        cuteGirl.setOrder(drinkOrder);
        cuteGirl.setOrder(drinkOrder);

        // 飲料還沒賣完
        cuteGirl.setOrder(drinkOrder);
        System.out.println("==== 客人取消點心測試 ====");
        // 取消一個點心
        cuteGirl.cancelOrder(snackOrder);
        // 點心又可以賣了
        cuteGirl.setOrder(snackOrder);
        System.out.println("=== 點餐完成，送到後面廚房通知廚師
                            與搖飲料小弟 ===");
        cuteGirl.notifyBaker();
        System.out.println();
        System.out.println("==== 點心庫存不足測試 ====");
        // 點心賣完了
        cuteGirl.setOrder(snackOrder);
    }
}
```

測試結果

```
============ 命令模式測試 ============
==== 客人點餐 ====
增加點心訂單
增加點心訂單
增加飲料訂單
增加飲料訂單
增加飲料訂單
==== 客人取消點心測試 ====
取消一個點心
增加點心訂單
=== 點餐完成，送到後面廚房通知廚師與搖飲料小弟 ===
取出麵包 -> 美乃滋塗上滿滿的麵包 -> 丟進烤箱 -> 灑上可以吃的裝飾 -> 點心完成
拿出杯子 -> 加滿冰塊 -> 把飲料倒進杯子 -> 飲料完成
拿出杯子 -> 加滿冰塊 -> 把飲料倒進杯子 -> 飲料完成
拿出杯子 -> 加滿冰塊 -> 把飲料倒進杯子 -> 飲料完成
取出麵包 -> 美乃滋塗上滿滿的麵包 -> 丟進烤箱 -> 灑上可以吃的裝飾 -> 點心完成


==== 點心庫存不足測試 ====
點心賣完了
```

轉接器模式 Adapter

目的：將一個介面轉換成另外一個介面，讓原本與客戶端不能相容的介面可以正常工作。

轉接器就是像上面這種東西，**USB 轉 micro USB**，三孔插座轉兩孔，**220V** 電壓轉 **110V** 電壓之類的，生活中到處都可以看到轉接器。

除了法師，弓箭手也會丟火球 !!?

為了繼續活在 RPG 的世界中，這例子我想了很久，畢竟不能拿剛才的冒險者飲料店需要轉接電源當作範例。

今天有一群冒險者們很開心的組隊出門要來解任務了，走到一半才發現他們需要一個法師來丟火球才能完成任務，如果回到村莊重新招募一個會丟火球的法師，那之前辛苦走的路程都白費了，還好隊伍之中有一個弓箭手，只要將弓箭包上布之後再點火射出去，弓箭手彷彿就對丟火球了一樣。

CHAPTER	DAYS
00	1st
01	
02	
03	
04	2nd
05	
06	
07	
08	3rd
09	
10	
11	
12	4th
13	
14	
15	
16	5th
17	
18	
19	
20	6th
21	
22	
23	7th
24	
25	

閱讀預定日

☐☐月☐☐日

閱讀完成 ☐

上面就是一套轉接器模式的實現，弓箭手是我們的被轉接者 Adaptee，法師是轉接後的介面 Target，當然還有負責轉接工作的轉接器 Adapter。

類別圖

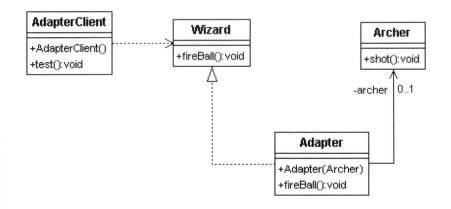

程式碼

被轉接者 Adaptee 與轉接後目標 Target

等等要被轉接成法師介面

```java
/**
 * 弓箭手介面 Adaptee
 */
public interface Archer {
    void shot();      // 射弓箭
}

/**
 * 具體的弓箭手
 */
public class NormalArcher implements Archer{
    @Override
    public void shot() {
        System.out.println(" 射箭 ");
    }
}
```

```
/**
 * 法師介面 (Target)
 */
public interface Wizard {
    void fireBall();      // 丟火球
}
```

轉接器

```
/**
 * 轉接器 (Adapter)
 *
 */
public class Adapter implements Wizard {      ←
    private Archer archer;

    public Adapter(Archer archer){
        this.archer = archer;
    }

    @Override
    public void fireBall() {
        System.out.print(" 在弓箭上包一層布 -> 淋上花生油 -> 點火 ");
        archer.shot();
        System.out.println(" 火球飛出去了 ");
    }
}
```

將弓箭手當作法師來用

測試碼

```
/**
 * 轉接器模式 - 測試 (Client)
 */
public class AdapterClient {
    @Test    public void test(){
        System.out.println("============ 轉接器模式測試 ============");

        System.out.println(" 我們需要火球才能把樹上的蜂窩砸爛，糟糕的是隊伍
                           中沒有法師 ");
        System.out.println(" 幸好隊伍中有一個弓箭手跟馬蓋先工具包，讓弓箭手
                           也能發火球：");
        Wizard wizard = new Adapter(new NormalArcher());
```

```
        wizard.fireBall();
    }
}
```

測試結果

```
============ 轉接器模式測試 ============
我們需要火球才能把樹上的蜂窩砸爛，糟糕的是隊伍中沒有法師
幸好隊伍中有一個弓箭手跟馬蓋先工具包，讓弓箭手也能發火球：
在弓箭上包一層布 -> 淋上花生油 -> 點火射箭
火球飛出去了
```

以下代碼可以看得出來，裝飾模式與轉接器模式在客戶端的呼叫是一樣的，差別在於裝飾模式不會改變被裝飾者的介面，轉接器則是將被轉接者的介面換成目標介面。

```
/**
 * 冒險者使用不同稱號來強化 – 測試 ( 裝飾模式 )
 */
public class TitleTest {
    @Test
    public void test(){
        System.out.println("--- 取得強壯稱號的 jacky---");
        TitleStrong sJacky = new TitleStrong(new Lancer("Jacky"));
        sJacky.attack();
    }
}
```

TitleStrong 與 Lancer 都實作了 Adventurer 介面

```
/**
 * 弓箭手轉接成法師丟火球 – 測試 ( 轉接器模式 )
 */
public class AdapterClient {
    @Test    public void test(){
        Wizard wizard = new Adapter(new NormalArcher());
        wizard.fireBall();
    }
}
```

這裡的 Normal Archer 與 Wizard 並沒有實作相同的介面

表象（外觀）模式 Facade

目的：用一個介面包裝各個子系統，由介面與客戶端做溝通。

這些玩意好複雜啊 !!! 我只是想看個電影

先暫時離開冒險者村一下，這是個人親身經歷的故事，筆者有個親戚家裡弄了一間很高級豪華的視聽遊樂室，裡面包括液晶電視，電視盒，環繞音響，重低音放大器，DVD 播放器，KTV 點歌系統，X-BOX，PS3 等等。如果想用 PS3 來看高清藍光電影，必須依照以下步驟一個一個執行，其中一個動作錯了，可能會出現沒影像有聲音，有聲音沒影像等等奇奇怪怪的事：

1. 打開總電源。

2. 打開電視盒電源。

3. 開啟重低音放大器並且等三秒。

4. 打開液晶電視。

5. 打開 DVD 播放器。

6. 打開 PS3，並且將液晶電視顯示來選為第二大項中的第三小項。

7. 這時候先試一下音響有沒有正確發出聲音順便將液晶電視音量調到 13，環繞音響，重低音低量轉低避免吵到鄰居。

8. 放入藍光光碟片，使用 PS3 手把選擇播放電影。

以上真的不誇張，全部步驟大概就是這麼長，當然筆者是不可能記住當時到底正確的步驟是怎樣，每次要看電影還是玩一下電視遊樂器的時候，都會想著如果這套流程可以由一個搖控器一鍵完成不知道該有多好，外觀模式就像一個超級搖控器，把看電影所需要啟動的裝置操到整合到這個搖控器裡面，方便使用者操作。

CHAPTER	DAYS
00	1st
01	
02	
03	
04	2nd
05	
06	
07	
08	3rd
09	
10	
11	
12	4th
13	
14	
15	
16	5th
17	
18	
19	
20	6th
21	
22	
23	7th
24	
25	

閱讀預定日

　　月　　日

閱讀完成

從下面的代碼可以看出經過 Facade 的統一包裝管理後，使用者
（Client）要使用這些影音設備就變的簡單許多。

類別圖

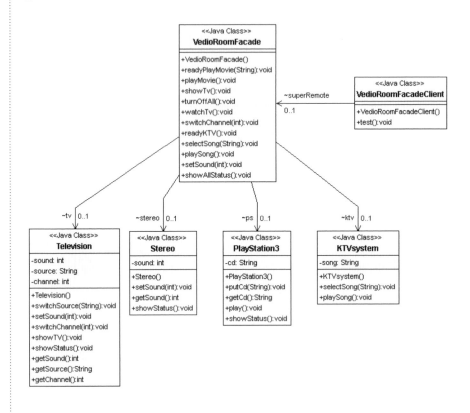

程式碼

```
/**
 * 電子產品介面，全部的電子產品都可以開關電源
 */
public abstract class Electronics {
    private boolean power = false;    // 電源

    // 啟動電源
    public void powerOn() {
```

```java
            this.power = true;
    }
    // 關閉電源
    public void powerOff() {
        this.power = false;
    }
    // 電源是否有開
    public boolean isPowerOn() {
        return power;
    }
    // 顯示機器狀態
    protected void showStatus(){
        if(power){
            System.out.println(this.getClass().getSimpleName() +
                                "運作中");
        } else {
            System.out.println(this.getClass().getSimpleName()
            + "電源未開啟");
        }
    }
}


/**
 * KTV 點歌機
 */
public class KTVsystem extends Electronics {
    private String song; // 歌曲

    // 選歌
    public void selectSong(String song){
        this.song = song;
    }
    // 播放
    public void playSong(){
        System.out.println(this.getClass().getSimpleName()
        + "播放 " + song );
    }
}


/**
 * Play Station3
 */
public class PlayStation3 extends Electronics {
```

```java
    private String cd ; // 目前播放的 CD

    // 放入 CD 片
    public void putCd(String cd) {
        this.cd = cd;
    }

    public String getCd() {
        return cd;
    }

    // 播放 CD
    public void play(){
        System.out.println(this.getClass().getSimpleName()
                        + " 開始播放 " + cd);
    }

    @Override
    public void showStatus(){
        super.showStatus();
        if(isPowerOn()){
            System.out.println(this.getClass().getSimpleName()
            + " 目前放入 cd: " + cd);
        }
    }
}

/**
 * 環繞音響
 */
public class Stereo extends Electronics {
    private int sound = 50 ;              // 音量 (0 為靜音，100 為最大 )

    // 調整音量
    public void setSound(int sound) {
        this.sound = sound;
    }

    public int getSound() {
        return sound;
    }

    @Override
    public void showStatus(){
        super.showStatus();
```

```java
        if(isPowerOn()){
            System.out.println(this.getClass().getSimpleName()
            + " 音量為：" + sound);
        }
    }
}

/**
 * 液晶電視
 */
public class Television  extends Electronics {
    private int sound = 50 ;         // 音量 (0 為靜音，100 為最大 )
    private String source = "tvBox"; // 訊號源
    private int channel = 9;         // 電視頻道

    // 選擇訊號源
    public void switchSource(String source) {
        this.source = source;
    }

    // 調整音量
    public void setSound(int sound) {
        this.sound = sound;
    }

    // 選電視頻道
    public void switchChannel(int channel) {
        this.channel = channel;
    }

    // 看目前觀看電視頻道
    public void showTV() {
        System.out.println(" 目前觀看的是頻道：" + channel);
    }

    @Override
    public void showStatus(){
        super.showStatus();
        if(isPowerOn()){
            System.out.print(this.getClass().getSimpleName()
            +" 音量為：" + sound);
            if(source.equals("tvBox")){
                System.out.println(", 頻道：" +  channel);
            }
```

```java
            if(source.equals("ktv")){
                System.out.println(", ktv 播放中 ");
            }

            if(source.equals("ps")){
                System.out.println(", ps 畫面顯示中 ");
            }
        }
    }

    public int getSound() {
        return sound;
    }

    public String getSource() {
        return source;
    }

    public int getChannel() {
        return channel;
    }
}
```

外觀 Facade 類別

```java
/**
 * 管理影音設備的外觀類別 (Facade)
 */
public class VedioRoomFacade {
    // 房間內總共有這些影音設備
    Television tv = new Television();
    Stereo stereo = new Stereo();
    PlayStation3 ps = new PlayStation3();
    KTVsystem ktv = new KTVsystem();

    /**
     * 準備用 ps3 看電影
     */
    public void readyPlayMovie(String cd){
        stereo.powerOn();  // 音響要先開
        tv.powerOn();      // 接著開電視
        setSound(50);      // 設定音量
        tv.switchSource("ps"); // 電視切到 ps 訊號源
        ps.powerOn();      // 開 ps3
```

```
    ps.putCd(cd);        // 放入 cd
}

/**
 * 用 ps3 放電影
 */
public void playMovie(){
    if(ps.isPowerOn()){
        ps.play();
    }
}
// 看目前觀看電視頻道
public void showTv(){
    tv.showTV();
}

/**
 * 關閉全部設備
 */
public void turnOffAll(){
    stereo.powerOff(); // 音響要先關
    ktv.powerOff();       // KTV 有開的話第二個關
    ps.powerOff();        // 電視如果先關你就看不到 ps 的畫面了
    tv.powerOff();        // 電視最後關
}

/**
 * 看電視
 */
public void watchTv(){
    tv.powerOn();        // 開電視
    tv.switchSource("tvBox"); // 電視切到電視訊號源
}

// 選電視頻道
public void switchChannel(int channel) {
    tv.switchChannel(channel);
}

/**
 * 準備唱 KTV
 */
public void readyKTV(){
    stereo.powerOn(); // 音響要先開
    ktv.powerOn();       // 開啟 ktv 點唱機
```

```
        tv.powerOn();       // 開電視
        setSound(50);       // 設定音量
        tv.switchSource("ktv"); // 電視切到 ps 訊號源
    }
    /**
     * ktv 點歌
     * @param song
     */
    public void selectSong(String song){
        if(ktv.isPowerOn()){
            ktv.selectSong(song);
        }
    }
    /**
     * ktv 播放歌曲
     */
    public void playSong(){
        if(ktv.isPowerOn()){
            ktv.playSong();
        }
    }
    /**
     * 設定音量
     * @param soundLevel
     */
    public void setSound(int soundLevel){
        if(tv.isPowerOn()){
            tv.setSound(soundLevel);
        }
        if(stereo.isPowerOn()){
            stereo.setSound(soundLevel);
        }
    }

    /**
     * 顯示所有機器的狀態
     */
    public void showAllStatus(){
        tv.showStatus();
        stereo.showStatus();
        ps.showStatus();
        ktv.showStatus();
    }
}
```

測試碼

```
/**
 * 外觀模式 - 測試 (Client)
 */
public class VedioRoomFacadeClient {
    VedioRoomFacade superRemote = new VedioRoomFacade();

    @Test
    public void test(){
        System.out.println("============ 外觀模式測試 ============");
        System.out.println(" 以下測試碼可以看出使用外觀模式後，
        + 操作步驟會比一個一個類別進去操作方便取多 ");

        System.out.println("--- 看電影 ---");
        // 看電影
        superRemote.readyPlayMovie("Life of Pi");
        superRemote.playMovie();
        superRemote.showAllStatus();
        System.out.println();
        System.out.println("--- 關機器 ---");
        // 關閉機器
        superRemote.turnOffAll();
        superRemote.showAllStatus();

        System.out.println("--- 看電視 ---");
        // 看電視
        superRemote.watchTv();
        superRemote.showTv();
        superRemote.switchChannel(20); // 換頻道
        superRemote.showTv();
        superRemote.turnOffAll();
        System.out.println();

        System.out.println("--- 唱 ktv ---");
        // 唱 ktv
        superRemote.readyKTV();
        superRemote.selectSong("Moon");
        superRemote.playSong();
        superRemote.showAllStatus();
    }
}
```

測試結果

```
============ 外觀模式測試 ============
以下測試碼可以看出使用外觀模式後，操作步驟會比一個一個類別進去操作方便取多
--- 看電影 ---
PlayStation3 開始播放 Life of Pi
Television 運作中
Television 音量為：50, ps 畫面顯示中
Stereo 運作中
Stereo 音量為：50
PlayStation3 運作中
PlayStation3 目前放入 cd: Life of Pi
KTVsystem 電源未開啟


--- 關機器 ---
Television 電源未開啟
Stereo 電源未開啟
PlayStation3 電源未開啟
KTVsystem 電源未開啟
--- 看電視 ---
目前觀看的是頻道：9
目前觀看的是頻道：20


--- 唱 ktv---
KTVsystem 播放 Moon
Television 運作中
Television 音量為：50, ktv 播放中
Stereo 運作中
Stereo 音量為：50
PlayStation3 電源未開啟
KTVsystem 運作中
```

其實門面模式這樣的翻譯應該會比外觀模式或表象模式會更適合一點，因為 Facade 就像一扇門，門後將各式各樣雜亂的工具整合成各種功能讓使用者可以輕易的使用。

Facade 是最常見的設計模式之一，在網頁應用程式中，MVC 架構是最常見的設計，如下圖所示，一般我們會用 Controller 來對應一個網頁的功能，Controller 會呼叫好幾組 Model 交叉使用來處理資料，這時候如果有一個 Service 整合這些 Model 的功能讓 Controller 能更簡單方便的取得需要的資料。這個 Service 其實就是一個門面

Facade 的設計，例如說，與資料庫（Database）溝通的 Model 會稱為 Dao，一個 Service 會包含數個 Controller 所需的 Dao，Controller 可以藉由 Service 與資料庫進行資料交換，業務邏輯或是其他複雜的程式碼通通交給 Service 處理，如此就可以維持 Controller 只負責客戶端電腦與網站伺服器兩端的溝通工作。

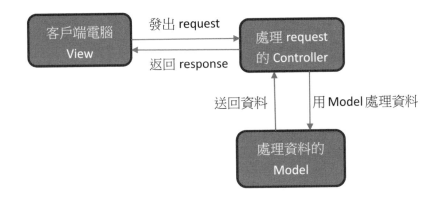

MEMO

樣版模式 Template

CHAPTER

12

CHAPTER | DAYS
00 | 1st
01 |
02 |
03 |
04 | 2nd
05 |
06 |
07 |
08 | 3rd
09 |
10 |
11 |
12 | 4th
13 |
14 |
15 |
16 | 5th
17 |
18 |
19 |
20 | 6th
21 |
22 |
23 | 7th
24 |
25 |

閱讀預定日

□□月□□日

閱讀完成 □

目的：定義一套演算法的架構，但是細節可延遲到子類別再決定。

迷宮的冒險

迷宮探險對冒險者來說是一件很重要的活動，這邊我們就來寫一套迷宮探險的系統，冒險者進入迷宮探險到完成探險經過的步驟如下：

1. 確認冒險者等級是否達到迷宮門檻。
2. 冒險者達到門檻才開始產生迷宮（每一個迷宮都長的不一樣）。
3. 冒險者進行探險（我們這邊先不管冒險者的冒險過程）。
4. 計算探險結果。

以上可以看的出來從冒險者來到迷宮門口到離開結算成果，過程大致上是一樣的，對於這些同樣的過程，我們就用一個樣版（Template）來規範一趟冒險應該有什麼過程。

這邊看類別圖，首先可以看到我們的迷宮樣版 MazeTemplate 是一個抽象類別，產生迷宮的程式 createMaze() 在迷宮樣版中並沒有被實作出來，實際上要如何產生不同的迷宮留給子類別來實作。可以看一下簡單迷宮 EazyMaze 這個類別，需要實作的部份總共有兩個部分，第一個是在建構子中必須先設定迷宮難易度，再來是要實作 createMaze() 方法來產生迷宮。

掛勾 Hook

之前在裝飾者模式中，裝飾者對被裝飾的對象進行裝飾，讓被裝飾者動態的增加一些功能，在樣版模式中，我們可以使用掛勾

（hook）的方式來增加功能，例如說只有少數的迷宮結束裡面還有隱藏迷宮，因此進入隱藏迷宮 hiddenMaze() 這個方法一般來說並不會被呼叫，這時候可以設計一個掛勾來決定一個迷宮會不會呼叫 hiddenMaze()。

這邊的實作可以先看 MazeTemplate 中有一個 isDoubleMaze 參數，這個參數就是掛勾，初始設為 false，代表 hiddenMaze() 預設不會被呼叫，再看困難的迷宮 MazeTemplate 類別，類別中建構子將 isDoubleMaze 設為 true，因此冒險者們進行冒險的時候就會觸發隱藏迷宮。

類別圖

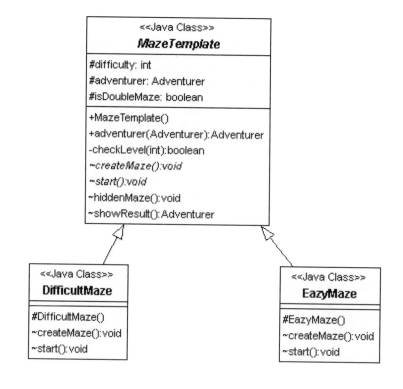

程式碼

樣版 Template 與實作類別

```java
/**
 * 迷宮樣版 (Template)- 規範迷宮冒險的演算法
 */
public abstract class MazeTemplate {
    protected int difficulty ; // 迷宮難度
    protected Adventurer adventurer; // 進入迷宮的冒險者
    protected boolean isDoubleMaze = false ; // hook，決定是否有隱藏的迷宮

    /**
     * @param adventurer 進入迷宮的冒險者
     * @return
     */
    public Adventurer adventure(Adventurer adventurer){
        this.adventurer = adventurer;

        // 確認冒險者等級
        if(!checkLevel(adventurer.getLevel())) {
            System.out.println(" 冒險者等級不足，請提升等級至 "
            + difficulty  + " 後開放迷宮 ");
        } else {
            System.out.println("---" + adventurer.getType()
            + " 開始進行困難度 " + difficulty + " 的迷宮 ");
            createMaze();          // 產生迷宮
            start();               // 冒險者闖迷宮

            if(isDoubleMaze){
                hiddenMaze();
            }
            showResult();          // 結算冒險結果
        }
        return this.adventurer;
    }

    /**
     * 冒險者等級是否足夠
     * @param level
     * @return
     */
    private boolean checkLevel(int level){
```

由掛勾 hook 決定是否有隱藏迷宮，有的話可以進入隱藏關卡

```
        if(level < difficulty){
            return false;
        }
        return true;
    }

    /**
     * 產生迷宮內容
     */
    abstract void createMaze();

    /**
     * 冒險者進入迷宮 ( 由子類別實作 )
     */
    abstract void start();

    /**
     * 進入隱藏迷宮 ( 隱藏迷宮，由 hook 觸發 )
     */
    void hiddenMaze(){
        System.out.println(" 進入隱藏迷宮 ");
    };

    /**
     * 顯示冒險結果
     */
    Adventurer showResult(){
        this.adventurer.setLevel(adventurer.getLevel()
        + 50*difficulty);   // 完成迷宮後冒險者等級增加
        System.out.println("---" + adventurer.getType()
        + " 完成困難度 " + difficulty + " 迷宮 !!!");
        return this.adventurer;
    };
}

/**
 * 簡單的迷宮 (ConcreteTemplate)
 */
public class EazyMaze extends MazeTemplate{
    public EazyMaze() {
        super.difficulty = 1; // 沒限制等級
    }

    @Override
    void createMaze() {
```

這個方法內容還沒被實作，子類別繼承時需實作這個方法

```
        System.out.println(" 準備 100*100 的迷宮 ");
        System.out.println(" 安排 10 隻小怪物 ");
        System.out.println(" 安排等級 10 的 BOSS");
        System.out.println(" 拔草整理場地 ");
        System.out.println(" 簡易迷宮準備完成 !!!");
    }

    @Override
    void start() {
        System.out.println(" 冒險者開始進行簡單迷宮的冒險 ");
    }

}


/**
 * 困難的迷宮 (ConcreteTemplate)
 */
public class DifficultMaze extends MazeTemplate{

    public DifficultMaze() {
        super.isDoubleMaze = true; // 困難模式有隱藏關卡
        super.difficulty = 50; // 50 級以上才能進入困難迷宮
    }

    @Override
    void createMaze() {
        System.out.println(" 準備 1000*1000 的迷宮 ( 包括隱藏迷宮 )");
        System.out.println(" 安排打不完的小怪物 ");
        System.out.println(" 安排等級 50 的中 BOSS，100 隻 ");
        System.out.println(" 安排等級 120 的超級 BOSS，放隱藏迷宮的保物 ");
        System.out.println(" 拔草整理場地，重新油漆牆壁 ");
        System.out.println("" 擺放各種陷阱，擺放假屍體 "
        System.out.println(" 困難迷宮準備完成 !!!");
    }

    @Override
    void start() {
        System.out.println(" 冒險者開始進行困難迷宮的冒險 ");
    }


    }
}
```

以下程式碼只是測試需要，跟樣版模式沒有關係

```java
/**
 * 進入迷宮的冒險者介面
 */
public abstract class Adventurer {
    protected int level ; // 冒險者等級
    protected String type ; // 冒險者類別

    public String getType(){
        return this.type;
    };

    public int getLevel(){
        return this.level;
    };

    public void setLevel(int level){
        this.level = level;
    };
}

/**
 * 冒險者 - 鋼彈 Justice
 */
public class GundamJustice extends Adventurer {
    public GundamJustice(){
        super.type = "Gundam-Justice";
        super.level = 100;     // 鋼彈等級很高的
    }
}

/**
 * 冒險者 - 劍士
 */
public class Sabar extends Adventurer {
    public Sabar(){
        super.type = "Sabar";
        super.level = 10;    // 劍士等級就普普
    }
}
```

測試碼

```
/**
 * 樣版模式 – 測試
 */
public class MazeTest {
    Adventurer sabar = new Sabar(); // 等級 10 的劍士
    Adventurer justice = new GundamJustice(); // 等級 100 的正義鋼彈

    MazeTemplate easyMaze = new EazyMaze();        // 簡單迷宮
    MazeTemplate hardMaze = new DifficultMaze(); // 困難迷宮

    @Test
    public void test(){
        System.out.println("============ 樣版模式測試 ============");

        System.out.println(" ===== 困難迷宮 ======");
        sabar = hardMaze.adventure(sabar);
        System.out.println(" ===== 簡單迷宮練功 ======");
        sabar = easyMaze.adventure(sabar);

        // 練功後劍士可以進行困難迷宮
        System.out.println(" ===== 困難迷宮測試 ======");
        sabar = hardMaze.adventure(sabar);
        justice = hardMaze.adventure(justice);

    }

}
```

測試結果

```
============ 樣版模式測試 ============
 ===== 困難迷宮 ======
冒險者等級不足，請提升等級至 50 後開放迷宮
 ===== 簡單迷宮練功 ======
---Sabar 開始進行困難度 1 的迷宮
準備 100*100 的迷宮
安排 10 隻小怪物
安排等級 10 的 BOSS
拔草整理場地
簡易迷宮準備完成 !!!
冒險者開始進行簡單迷宮的冒險
---Sabar 完成困難度 1 迷宮 !!!
```

```
  ===== 困難迷宮測試 ======
---Sabar 開始進行困難度 50 的迷宮
準備 1000*1000 的迷宮 ( 包括隱藏迷宮 )
安排打不完的小怪物
安排等級 50 的中 BOSS，100 隻
安排等級 120 的超級 BOSS，放隱藏迷宮的保物
拔草整理場地，重新油漆牆壁，擺放各種陷阱，擺放假屍體
困難迷宮準備完成 !!!
冒險者開始進行困難迷宮的冒險
進入隱藏迷宮
---Sabar 完成困難度 50 迷宮 !!!
---Gundam-Justice 開始進行困難度 50 的迷宮
準備 1000*1000 的迷宮 ( 包括隱藏迷宮 )
安排打不完的小怪物
安排等級 50 的中 BOSS，100 隻
安排等級 120 的超級 BOSS，放隱藏迷宮的保物
拔草整理場地，重新油漆牆壁，擺放各種陷阱，擺放假屍體
困難迷宮準備完成 !!!
冒險者開始進行困難迷宮的冒險
進入隱藏迷宮
---Gundam-Justice 完成困難度 50 迷宮 !!!
```

合成模式 Composite

目的：處理樹狀結構的資料。

冒險者總會與其他分會

　　樹狀結構在程式語言的世界中到處可見，例如說資料夾與檔案，HTML 的 DOM 結構。以下就是樹狀結構圖，從一個根節點 Root 開始，底下延伸出更多的節點 Node，節點可能會繼續延伸出更多的子節點，如果沒有子節點的節點稱為葉 Leaf。

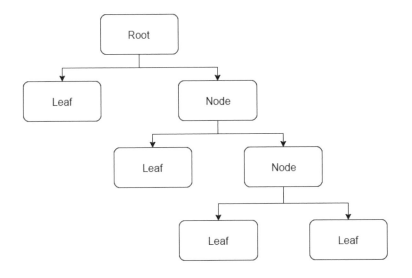

　　讓我們繼續關注在冒險者的世界，經過一段時間的發展，冒險者協會已經在許多城鎮都創立了分會，本來的協會就變成了冒險者總會，分會之下可能還會有子分會，另外每個協會有一個客戶服務單位 Service Department 來接受委託與處理客訴，另外也會有人力資源單位 Human Resource 來招募冒險者。

CHAPTER	DAYS
00	1st
01	
02	
03	
04	2nd
05	
06	
07	
08	3rd
09	
10	
11	
12	4th
13	
14	
15	
16	5th
17	
18	
19	
20	6th
21	
22	
23	7th
24	
25	

閱讀預定日

□□月□□日

閱讀完成 □

冒險者協會現在的組織圖與上面所說的樹狀結構是相同的，總會就是 Root，分會則是有子節點 Node，客戶服務單位與人力資源單位則為 Leaf。在合成模式中，Component 是一個抽象類別，所有的節點（包含 Root 與 Leaf）都必須繼承 Component；Composite 代表有分支的節點，通常會有 add()、remove() 方法來加入、移除子節點；Leaf 表示沒有更下一層的節點。

類別圖

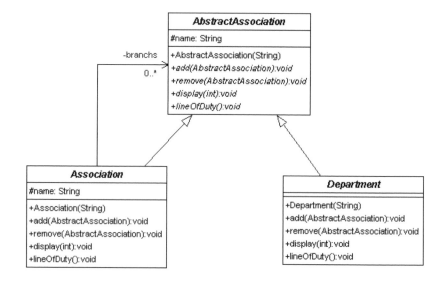

程式碼

抽象協會（Component）

```
/**
 *  協會抽象類別 (Component)
 */
public abstract class AbstractAssociation {
    protected String name;
    public AbstractAssociation(String name){
        this.name = name;
```

```
    }
    /**
     * 增加轄下分會或部門
     */
    public abstract void add(AbstractAssociation a);
    /**
     * 移除增加轄下分會或部門
     */
    public abstract void remove(AbstractAssociation a);
    /**
     * 印出組織結構圖
     */
    public abstract void display(int depth);

    /**
     * 印出組織職責
     */
    public abstract void lineOfDuty();
}
```

分會 Node（Composite）

```
/**
 * 有分支的協會 (Composite)
 *
 */
public class Association extends AbstractAssociation{

    private List<AbstractAssociation> branchs = new ArrayList<>();

    public Association(String name) {
        super(name);
    }

    /**
     * 增加轄下分會或部門
     */
    public void add(AbstractAssociation a){
        branchs.add(a);
    };

    /**
     * 移除增加轄下分會或部門
     */
```

```java
    public void remove(AbstractAssociation a){
        branchs.remove(a);
    };
    /**
     * 印出組織結構圖
     */
    public void display(int depth){
        for(int i = 0 ; i < depth ; i++){
            System.out.print('-');
        }
        System.out.println(name);
        for(AbstractAssociation a : branchs){
            a.display(depth+2);
        }
    };

    /**
     * 印出組織職責
     */
    public void lineOfDuty(){
        for(AbstractAssociation a : branchs){
            a.lineOfDuty();
        }
    };
}
```

Leaf

```java
/**
 * 部門單位抽項類別 (Leaf)
 */
public abstract class Department extends AbstractAssociation {

    public Department(String name) {
        super(name);
    }

    @Override
    public void add(AbstractAssociation a) {
        System.out.println("Leaf 無法增加子節點 ");
    }

    @Override
    public void remove(AbstractAssociation a) {
        System.out.println("Leaf 無子節點可以移除 ");
```

```
    }

    @Override
    public void display(int depth) {
        for(int i = 0 ; i < depth ; i++){
            System.out.print('-');
        }
        System.out.println(name);
    }

    @Override
    abstract public void lineOfDuty(); ◄──────────
}
```

這邊還沒決定部門的實際工作，這部分會留給由子類別實作

```
/**
 * 人力支援部門 (Leaf)
 */
public class HumanResouce extends Department {

    public HumanResouce(String name) {
        super(name);
    }

    /**
     * 部門實際的工作由子類別決定
     */
    @Override
    public void lineOfDuty() {
        System.out.println(name +  ":想辦法拐騙冒險者來完成任務 ");
    }
}


/**
 * 客服部門 (Leaf)
 */
public class ServiceDepartment extends Department {
    public ServiceDepartment(String name) {
        super(name);
    }

    /**
     * 部門實際的工作由子類別決定
```

```
    */
    @Override
    public void lineOfDuty() {
        System.out.println(name +
        "：處理客訴，告訴客戶，這肯定是冒險者的錯，不是協會的錯");
    }
}
```

測試碼

```
/**
 * 合成模式 - 測試
 */
public class BranchOrganizationTest {
    @Test
    public void test(){
        System.out.println("============ 合成模式測試 ============");

        AbstractAssociation root = new Association("冒險者總會");
        root.add(new HumanResouce("總會 - 人力資源單位"));
        root.add(new ServiceDepartment("總會 - 客服單位"));

        AbstractAssociation mars = new Association("火星分會");
        mars.add(new HumanResouce("火星分會 - 人力資源單位"));
        mars.add(new ServiceDepartment("火星分會 - 客服單位"));
        root.add(mars);

        AbstractAssociation saturn = new Association("土星分會");
        saturn.add(new HumanResouce("土星分會 - 人力資源單位"));
        saturn.add(new ServiceDepartment("土星分會 - 客服單位"));
        root.add(saturn);

        AbstractAssociation m1 = new Association("土衛 1 號辦事處");
        m1.add(new HumanResouce("土衛 1 號辦事處 - 人力資源單位"));
        m1.add(new ServiceDepartment("土衛 1 號辦事處 - 客服單位"));
        saturn.add(m1);

        // 地區偏遠，沒人會過來客服的地方
        AbstractAssociation m2 = new Association("土衛 2 號辦事處");
        m2.add(new HumanResouce("土衛 2 號辦事處 - 人力資源單位"));
        saturn.add(m2);

        System.out.println("結構圖:");
        root.display(1);
```

```
        System.out.println(" 職責表 ");
        root.lineOfDuty();
    }
}
```

測試結果

```
=========== 合成模式測試 ============
結構圖：
- 冒險者總會
--- 總會 - 人力資源單位
--- 總會 - 客服單位
--- 火星分會
----- 火星分會 - 人力資源單位
----- 火星分會 - 客服單位
----- 土星分會 - 人力資源單位
----- 土星分會 - 客服單位
--- 火星分會
----- 火星分會 - 人力資源單位
----- 火星分會 - 客服單位
----- 土星分會 - 人力資源單位
----- 土星分會 - 客服單位
職責表
總會 - 人力資源單位：想辦法拐騙冒險者來完成任務
總會 - 客服單位：處理客訴，告訴客戶，這肯定是冒險者的錯，不是協會的錯
火星分會 - 人力資源單位：想辦法拐騙冒險者來完成任務
火星分會 - 客服單位：處理客訴，告訴客戶，這肯定是冒險者的錯，不是協會的錯
土星分會 - 人力資源單位：想辦法拐騙冒險者來完成任務
土星分會 - 客服單位：處理客訴，告訴客戶，這肯定是冒險者的錯，不是協會的錯
火星分會 - 人力資源單位：想辦法拐騙冒險者來完成任務
火星分會 - 客服單位：處理客訴，告訴客戶，這肯定是冒險者的錯，不是協會的錯
土星分會 - 人力資源單位：想辦法拐騙冒險者來完成任務
土星分會 - 客服單位：處理客訴，告訴客戶，這肯定是冒險者的錯，不是協會的錯
```

MEMO

狀態模式 State

目的：將物件的狀態封裝成類別，讓此物件隨著狀態改變時能有不同的行為。

所謂的鬥士！就是生命越低越有戰鬥力

很多事物的行為模式會隨著狀態而改變，例如說毛毛蟲只能在地上爬，之後變成不會動的蛹，破蛹而出的蝴蝶不但可以爬還可以飛，一開始我們會用 if else 或是 switch case 來實現這些隨著狀態而改變的行為模式，不過根據《重構：改善既有程式的設計》這本書的說法，當你的程式碼出現一堆 if else 或 switch case 這種判斷式，你的程式碼可能已經走向腐敗的階段了，要避免這種寫法。

狀態模式會將改變的狀態封裝成類別，這樣可以減少一些判斷式，也可以讓實現不同行為的責任交由狀態類別分擔。一個狀態模式首先會有一個背景類別（Context），Context 的行為模式會隨著狀態（State）而改變，因此我們也需要一個狀態介面（State）跟其他實體狀態類別（ConcreteState）。

鬥士是一種很有趣的冒險者，他的戰鬥能力會隨著生命值 HP 的下降而提升，首先一開始 HP > 70% 時候毫無反應，就只是一個沒有特殊能力的冒險者，HP 降低到 70% 以下時，會進入狂怒的狀態，攻擊力提升了 30%，如果 HP 進一步降到 30% 以下，則進入背水一戰狀態，攻擊力與防禦力都會暴增 50%，以上狀態都可以回復生命，如果 HP 降到 0 的時候，鬥士就會像一般的冒險者，進入無法戰鬥的狀態，而且無法恢復生命值。

WarriorPlain 類別實作尚未使用狀態模式，直接使用 if else 來做狀態的切換，假設 move() 方法內的 if else 有十幾種，而且每項條件都要執行數十行的程式，這種情況下就可以考慮使用狀態模式。

CHAPTER	DAYS
00	1st
01	
02	
03	
04	2nd
05	
06	
07	
08	3rd
09	
10	
11	
12	4th
13	
14	
15	
16	5th
17	
18	
19	
20	6th
21	
22	
23	7th
24	
25	

閱讀預定日

月　日

閱讀完成

```java
/**
 * 沒使用策略模式的鬥士類別
 */
public class WarriorPlain {
    private int hp ;              // 生命值 ( 直接以 0~100 表示 )

    public WarriorPlain(){
        this.hp = 100 ;          // 一開始為滿 HP 狀態
    }

    /**
     * 治療 – 恢復 HP
     */
    public void heal(int heal){
        // 無法戰鬥的時候不能接受治療
        if(hp == 0) {
            hp = 0;
        } else {
            this.hp +=  heal;
        }
        if(hp > 100) {
            hp = 100;
        }
    }

    /**
     * 受傷 – 減少 hp
     */
    public void getDamage(int damage){
        this.hp -= damage;
        if(hp < 0) {
            hp = 0;
        }
    }

    public void move(){
        if(hp == 0){
            System.out.println(" 無法戰鬥 ");
            //... 下面還有幾十行才能完成狀態設定
            return ;
        }
        if(hp > 70) {
            System.out.println(" 一般狀態 ");
            //... 下面還有幾十行才能完成狀態設定
        } else if (hp < 30) {
```

直接使用 if else
來處理這種狀態

```
                System.out.println(" 背水一戰狀態 ");
                //... 下面還有幾十行才能完成狀態設定
        } else {
                System.out.println(" 狂怒狀態 ");
                //... 下面還有幾十行才能完成狀態設定
        }
        //..... 這邊假設 if else 總共還有十幾種不同的狀態
    }
}
```

　　改用狀態模式，鬥士為 Context 類別，各種生命值之下的狀態為 State，當 Context 產生變化時，State 也隨之變化，因此 Context 的行為模式就改變了。

類別圖

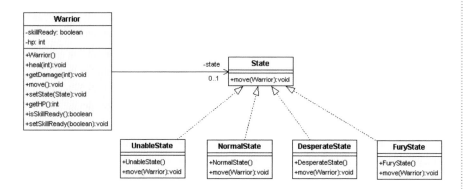

程式碼

Conext 類別

```
/**
 * 鬥士類別 (Context)
 */
public class Warrior {
    private int hp ;          // 生命值 ( 直接以 0~100 表示 )
    private State state;      // 目前狀態
```

```java
public Warrior(){
    // 一開始為滿 HP 狀態
    this.hp = 100 ;
    state = new NormalState();
}

/**
 * 治療 - 恢復 HP
 * @param time
 */
public void heal(int heal){
    this.hp +=  heal;
    if(hp > 100) {
        hp = 100;
    }
}

/**
 * 受傷 - 減少 hp
 * @param damage
 */
public void getDamage(int damage){
    this.hp -= damage;
    if(hp < 0) {
        hp = 0;
    }
}

/**
 * 將產生怪物的策略交給 Status 處理
 */
public void move(){
    state.move(this);
}

public void setState(State state){
    this.state = state;
}
public int getHP(){
    return this.hp;
}
}
```

狀態 State 介面與實作類別

```java
/**
 * 隨著 HP 變化的狀態 (State)
 */
public interface State {
    /**
     * 狀態不同，行為模式不同 ( 傳入 warrior 所以狀態可以取得 warrior 的資料 )
     */
    void move(Warrior warrior);
}


/**
 * 隨著 HP 變化的狀態 (ConcreteState)，HP > 70% 一般狀態
 */
public class NormalState implements State{
    /**
     * 狀態不同，行為模式不同 ( 傳入 warrior 所以狀態可以取得 warrior 的資料 )
     * @param warrior
     */
    @Override
    public void move(Warrior warrior) {
        if(warrior.getHP() > 70){
            System.out.println("HP=" + warrior.getHP() +
                                " , 一般狀態 ");
        } else {
            warrior.setState(new FuryState());
            warrior.move();
        }
    }
}



/**
 * 隨著 HP 變化的狀態 (ConcreteState)，HP < 70% 狂怒狀態
 */
public class FuryState implements State{
    /**
     * 狀態不同，行為模式不同
     */
    @Override
    public void move(Warrior warrior) {
        int hp = warrior.getHP();
        if( hp > 70){
```

傳入 warrior 所以狀態可以取得 warrior 的資料

```java
        warrior.setState(new NormalState());
        warrior.move();
    } else if (hp <= 30) {
        warrior.setState(new DesperateState());
        warrior.move();
    } else {
        System.out.println("HP=" + warrior.getHP()
        + " ,狂怒狀態 傷害增加 30%");
    }
  }
}


/**
 * 隨著 HP 變化的狀態 (ConcreteState)，HP 小於 30%，背水一戰狀態
 */
public class DesperateState implements State{
    /**
     * 狀態不同，行為模式不同
     */
    @Override
    public void move(Warrior warrior) {
        int hp = warrior.getHP();
        if(hp == 0){
            warrior.setState(new UnableState());
            warrior.move();
        } else if ( hp > 30 ) {
            warrior.setState(new FuryState());
            warrior.move();
        } else {
            System.out.println("HP=" + warrior.getHP()
            + " ,背水一戰 傷害增加 50%, 防禦增加 50%");
        }
    }
}

/**
 * 隨著 HP 變化的狀態 (ConcreteState)，HP = 0% ，無法戰鬥狀態
 */
public class UnableState implements State{
    /**
     * 狀態不同，行為模式不同 (傳入 warrior 所以狀態可以取得 warrior 的資料 )
     */
    @Override
    public void move(Warrior warrior) {
```

```
            System.out.println("HP=" + warrior.getHP() + " , 無法戰鬥");
    }
}
```

測試碼

```
/**
 * 狀態模式 – 測試
 */
public class WarriorTest {
    Warrior warrior = new Warrior();

    @Test
    public void test(){
        System.out.println("============ 狀態模式測試 ============");
        warrior.move();

        warrior.getDamage(30);        // 受到傷害
        warrior.move();
        warrior.getDamage(50);        // 受到傷害
        warrior.move();

        warrior.heal(120);            // 接受治療
        warrior.move();

        warrior.getDamage(110);       // 受到致命傷害
        warrior.move();
        warrior.heal(20);                // 接受治療，hp = 0 的時候治療無效
    }
}
```

測試結果

```
============ 狀態模式測試 ============
HP=100 , 一般狀態
HP=70 , 狂怒狀態 傷害增加 30%
HP=20 , 背水一戰 傷害增加 50%, 防禦增加 50%
HP=100 , 一般狀態
HP=0 , 無法戰鬥
```

MEMO

代理模式 Proxy

目的：為一個物件提供代理物件

代理物件常見的用途如下：

- 虛擬代理（Virtual Proxy）：用比較不消耗資源的代理物件來代替實際物件，實際物件只有在真正需要才會被創造。
- 遠程代理（Remote Proxy）：在本地端提供一個代表物件來存取遠端網址的物件。
- 保護代理（Protect Proxy）：限制其他程式存取權限。
- 智能代理（Smart Reference Proxy）：為被代理的物件增加一些動作。

遊戲讀取中 ... 請稍等

要開啟我們的冒險者遊戲其實要花費一番很大的功夫，如果在讀取的過程畫面跟國防布一樣完全沒有畫面，玩家會懷疑這遊戲是不是壞了還是電腦當機了，因此我們可以用一個代理類別，讓遊戲還沒讀取完成之前先跟玩家說，遊戲讀取中 ... 請稍等。

讀到代理模式時，總覺得代理模式跟裝飾模式（Decorator）看起來有九成像，就是使用包覆方式為一個類別增加功能。在 Google 大神努力搜尋並且拜讀各網誌後，個人的結論就是代理模式一般只會包一層，裝飾模式可能會包很多層，就像《Head First Design Patterns》一書所講一樣，你可以把裝飾模式當成一種特化版的代理模式來看待。

CHAPTER	DAYS
00	1st
01	
02	
03	
04	2nd
05	
06	
07	
08	3rd
09	
10	
11	
12	4th
13	
14	
15	
16	5th
17	
18	
19	
20	6th
21	
22	
23	7th
24	
25	

閱讀預定日

☐☐月☐☐日

閱讀完成 ☐

類別圖

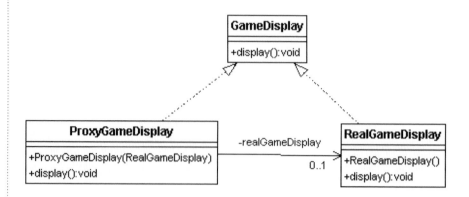

程式碼

```java
// 遊戲顯示介面
public interface GameDisplay {
    /**
     * 顯示畫面
     */
    void display();
}


/**
 * 被代理的類別
 */
public class RealGameDisplay implements GameDisplay{
    @Override
    public void display() {
        System.out.println(" 顯示遊戲畫面 ");
    }
}


/**
 * 代理類別
 */
public class ProxyGameDisplay implements GameDisplay{
    private RealGameDisplay realGameDisplay;

    public ProxyGameDisplay(RealGameDisplay realGameDisplay){
```

```
        this.realGameDisplay = realGameDisplay;
    }

    @Override
    public void display() {
        System.out.println(" 遊戲讀取中 ...");
        realGameDisplay.display();
    }
}
```

跑這行讀取的程式碼需要一段時間

測試碼

```
/**
 * 代理模式 ( 動態代理 ) - 測試
 */
public class GameLoaderTest {
    @Test
    public void test(){
        System.out.println("==== 代理模式 ( 動態代理 ) 測試 ====");


        // 沒使用代理
        System.out.println("--- 沒使用代理 ---");
        new RealGameDisplay().display();
        System.out.println();
        // 使用代理
        System.out.println("--- 使用代理 ---");
        new ProxyGameDisplay(new RealGameDisplay()).display();
    }
}
```

測試結果

```
==== 代理模式 ( 動態代理 ) 測試 ====
--- 沒使用代理 ---
( 完全沒有畫面 )
顯示遊戲畫面

--- 使用代理 ---
遊戲讀取中 ...
顯示遊戲畫面
```

代理模式 - 保護代理

　　寫程式的時候引用其他人寫好的程式庫來幫我們做事是很方便的，不過缺點就是我們無法修改這些引用來的程式碼，有些情況我們希望程式庫中的一個類別的某些屬性或是方法在特定操作下無法被使用，以免被誤用或亂用，可是我們又沒辦法修改引用來的程式碼，這時候就可以藉由保護代理來達成這件事情。

　　以下是一個簡單的範例，我們有一個個人資料類別（PersonBean Class），原始設計是每個人都能增加或減少喜歡的次數，不過現在在某些情況下不希望這個次數被修改，可是因為種種原因，我們不能修改 PersonBean 的內容，這時候可以用一個保護代理 ProxyPersonBean 來幫助我們達成這個目的。

程式碼

```
/**
 * 個人資料介面
 */
public interface Person {
    void setLikeCount(int like);
    int getLikeCount();
    String getName();
    void setName(String name);
}

/**
 * 一般使用的個人資料 Bean
 */
public class PersonBean implements Person{
    private String name ;
    private int likeCount;

    @Override
    public void setLikeCount(int like) {
        this.likeCount = like;
    }
```

```java
    public int getLikeCount() {
        return this.likeCount;
    }

    public String getName() {
        return name;
    }

    public void setName(String name) {
        this.name = name;
    }
}

/**
 * 個人資料代理 - 使 setLikeCount 方法被保護起來不能使用
 */
public class ProxyPersonBean implements Person {
    PersonBean person;

    public ProxyPersonBean(PersonBean personBean){
        this.person = personBean;
    };

    public String name ;
    public int likeCount;

    @Override
    public void setLikeCount(int like) {
        System.out.println(" 無權限修改 like 數 ");
    }

    public int getLikeCount() {
        return this.person.getLikeCount();
    }

    public String getName() {
        return this.person.getName();
    }

    public void setName(String name) {
        this.person.setName(name);
    }
}
```

like 的值現在無法被修改了

▫ **測試碼**

```java
/**
 * 代理模式（保護代理）- 測試
 */
public class PersonTest {
    @Test
    public void test(){
        System.out.println("==== 代理模式（保護代理）測試 ====");

        // 沒使用代理
        System.out.println("--- 沒使用代理 ---");
        Person realPerson = new PersonBean();
        realPerson.setLikeCount(10);
        System.out.println("like " +realPerson.getLikeCount());

        // 使用代理
        System.out.println("--- 使用代理 ---");
        Person proxy = new ProxyPersonBean(new PersonBean());
        proxy.setLikeCount(10); // 代理會使這個程式無法被呼叫
        System.out.println("like " +proxy.getLikeCount());

    }
}
```

測試結果

```
==== 代理模式（保護代理）測試 ====
--- 沒使用代理 ---
like 10
--- 使用代理 ---
無權限修改 like 數
like 0
```

代理模式的實際應用 -AOP

　　AOP 全名為 Aspect-Oriented Programming，翻譯後為**面向導向程式設計**，無法從名字看出 AOP 到底是什麼對吧 !? 這邊簡單介紹一下 AOP，所謂的 AOP 就是在一段程式執行前、中、後插入其他想執行的程式。

為什麼我們不直接把要插入執行的程式碼，直接寫到程式碼裡面就好？

假設插入的這段程式碼跟我們原本程式的業務邏輯沒有關係，因此我們希望不要修改原本的業務邏輯，也能達到相同的效果，這就是 AOP 的核心概念。

下面我們有一個戰鬥管理類別 FightManager，doFight 這個方法會負責管理每一場戰鬥，一開始這個方法只是單純管理玩家與怪物的戰鬥，接下來我們希望在戰鬥開始之前標註時間，因此我們給它加上記錄時間的程式碼，可以發現這段程式碼只是單純的記錄時間，與 doFight 原本的程式碼關係不大。這時候就可以用代理模式來達到這樣的效果。

▌程式碼

```
/**
 * 戰鬥管理類別 ( 加入時間註記前 )
 */
public class FightManager {
    public void doFight(String userName){
        //system.out.println(" 開始時間 :"  + new Date().toLocaleString());

        System.out.println(userName + " 帶領冒險者們與無辜的怪物戰鬥 ");
        System.out.println(".... 以下省略戰鬥過程 ");
        System.out.println(userName +
        " 帶領冒險者們洗劫了怪物的家，結束一場慘無妖道的屠殺 ");
    }
}

/**
 * 戰鬥管理類別 ( 代理 )
 */
public class ProxyFightManager extends FightManager{
    private FightManager source;
    public ProxyFightManager(FightManager source){
        this.source = source;
    }
    public void doFight(String userName){
```

可以直接插入這行記錄時間用的程式碼，不過這樣就會汙染了本來只負責戰鬥管理的 doFight 方法

```
        // 這段完全就只是記錄用，與戰鬥過程沒關係
        System.out.println("> 開始時間 :"
        +  new Date().toLocaleString());
        source.doFight(userName);
    }
}
```

測試碼

```
/**
 *  代理模式 (APO)- 測試
 */
public class AOPtest {
        @Test
        public void test() throws Throwable{
                System.out.println("==== 代理模式 (AOP) 測試 ====");

                System.out.println("--- 沒使用代理 ----");
                FightManager fm =  new FightManager();
                fm.doFight(" 煞氣 A 阿龐 ");
                System.out.println();

                System.out.println("--- 使用代理 ----");
                FightManager proxyFM =  new ProxyFightManager(fm);
                proxyFM.doFight(" 煞氣 A 阿龐 ");
        }
}
```

測試結果

```
==== 代理模式 (AOP) 測試 ====
--- 沒使用代理 ----
煞氣 A 阿龐帶領冒險者們與無辜的怪物戰鬥
.... 以下省略戰鬥過程
煞氣 A 阿龐帶領冒險者們洗劫了怪物的家，結束一場慘無妖道的屠殺

--- 使用代理 ----
> 開始時間 :2017/3/26 下午 06:17:38
煞氣 A 阿龐帶領冒險者們與無辜的怪物戰鬥
.... 以下省略戰鬥過程
煞氣 A 阿龐帶領冒險者們洗劫了怪物的家，結束一場慘無妖道的屠殺
```

走訪器模式 Iterator

目的：提供方法走訪集合內的物件，走訪過程不需知道集合內部的結構。

隨著程式語言的進步，GoF 提出的 23 種設計模式有些已經較少被使用或是已經被內建為語言特色，這邊就稍微筆記一下這些比較少用的模式，因此接下來的內容可能會跳比較快。

現在的 JAVA 或是程式語言都有內建 for each 來走訪集合內的物件，for each 使用上比一般的 for 迴圈更方便也更直覺，不過 for each 的底層程式碼，其實就是 Iterator。以下我們做一個簡單的 list（SimpleList），這個 list 內建一個實作 Iterator 介面的 Simple Iterator，當然這個 SimpleList 必須要有回傳 SimpleIterator 的方法，這樣其他程式才能利用 SimpleIterator 來走訪 list 的內容物。

類別圖

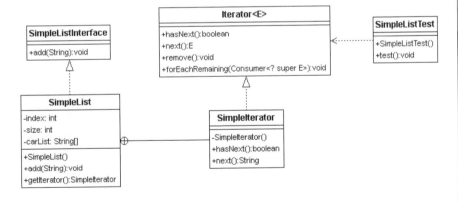

CHAPTER	DAYS
00	1st
01	
02	
03	
04	2nd
05	
06	
07	
08	3rd
09	
10	
11	
12	4th
13	
14	
15	
16	5th
17	
18	
19	
20	6th
21	
22	
23	7th
24	
25	

閱讀預定日

　　月　　日

閱讀完成

程式碼

```java
// java 內建的 Iteator interface
public interface Iterator<E> {
    // 需要實作的方法有兩個
    boolean hasNext();
    E next();
    //...下略
}


/**
 * 自己做一個簡單的 list
 */
@SuppressWarnings("rawtypes")
public class SimpleList {
    private int index = 0;
    private int size = 0;
    // 可以裝 1000 個，在範例中已經太夠用了
    private String[] carList = new String[1000];

    // simpleList 要有增加元素的方法
    public void add(String car){
        carList[size] = car;
        size++;
    }

    /**
     * 取得 Iterator
     * @return
     */
    public SimpleIterator getIterator(){
        return new SimpleIterator();
    }

    // 自己實作的 Iterator 類別
    private class SimpleIterator implements Iterator{
        @Override
        // 實作 hasNext
        public boolean hasNext() {
            if(index >= size){
                return false;
            }
            return true;
```

```
        }


        @Override
        // 實作 next
        public String next() {
            if(hasNext()){
                return carList[index++];
            }
            throw new IndexOutOfBoundsException();
        }

    }
}
```

測試碼

```
/**
 * 走訪器模式 - 測試
 */
public class SimpleListTest {
    @Test
    public void test(){
        System.out.println("============ 走訪器模式測試 ============");

        SimpleList list = new SimpleList();

        list.add(" 樂高車 ");
        list.add(" 超跑 ");
        list.add(" 露營車 ");
        list.add(" 連結車 ");
        list.add(" 九門轎車 ");
        list.add("F1 賽車 ");

        // 取出 iterator
        @SuppressWarnings("rawtypes")
        Iterator it = list.getIterator();
        // 使用 hasNext 與 next 取出 list 裡面的元素
        while(it.hasNext()){
            System.out.println(it.next());
        }

        it.next();              // 這裡會拋出 IndexOutOfBoundsException

    }
}
```

測試結果

```
============ 走訪器模式測試 ============
樂高車
超跑
露營車
連結車
九門轎車
F1 賽車
```

建造者模式 Builder

目的：將一個由各種組件組合的複雜產品建造過程封裝。

照順序組裝機器人

　　建造者模式其實就像再隔了一層指揮者（Director）的抽象工廠類別，像我們以下的範例，一個機器人（Product）由外型（Form）、動力（Power）、武器（Weapon）所組成，GundamBuilder 就像抽象工廠的實體一樣，可以生產出一個機器人所有的組件，與抽象工廠類別不同的是，在建造者模式中我們會用一個指揮者來控制小物件如何組裝成一個大物件的順序。

類別圖

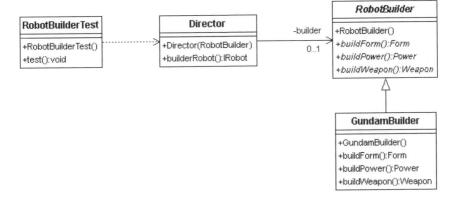

CHAPTER	DAYS
00	1st
01	
02	
03	
04	2nd
05	
06	
07	
08	3rd
09	
10	
11	
12	4th
13	
14	
15	
16	5th
17	
18	
19	
20	6th
21	
22	
23	7th
24	
25	

閱讀預定日
　　月　　日

閱讀完成

程式碼

Product 介面與實作（含組成 Product 的零件類別）

```java
/**
 * 機器人介面 (Product)
 */
public abstract class IRobot {
    Form  form; // 外型
    Power power; // 動力
    Weapon weapon; // 武器

    public void setForm (Form  form){
        this.form = form;
    };

    public void setPower(Power power){
        this.power = power;
    };

    public void setWeapon(Weapon weapon){
        this.weapon = weapon;
    };

    public void display(){
        System.out.println("機器人外型：" + form);
        System.out.println("機器人動力：" + power);
        System.out.println("機器人武器：" + weapon);

    }; // 展示機器人
}

/**
 * 鋼彈 - 實體機器人 (ConcreteProduct)
 */
public class Gundam extends IRobot{

}

/**
 * 機器人組件 - 外型 (Product Part)
 */
public class Form {
    private String formName;
```

```java
    public Form(String formName){
        this.formName = formName;
    }

    public String toString(){
        return this.formName;
    }

}

/**
 * 機器人組件 - 武器 (Product Part)
 */
public class Weapon {
    List<String> list = new ArrayList<>();
    public Weapon(String[] weaponList){
        list.addAll(Arrays.asList(weaponList));
    }
    @Override
    public String toString(){
        return list.toString();
    }
}

/**
 * 機器人組件 - 動力 (Product Part)
 */
public class Power {
    private String mainPower; // 主動力
    private String subPower; // 副動力
    private String battery; // 電池

    public Power(String mainPower, String subPower, String battery) {
        this.mainPower = mainPower;
        this.subPower = subPower;
        this.battery = battery;
    }

    @Override
    public String toString() {
        return "{ 主動力 :" + mainPower + " , 副動力 :" + subPower +
                ", 電池 :" + battery + "}";
    }
}
```

建造者介面與實作類別

```java
/**
 * 機器人建造器抽像類別 (AbstractBuilder)
 *
 */
public abstract class RobotBuilder {

    /**
     * 建造機器人外型
     */
    public abstract Form buildForm();
    /**
     * 建造機器人動力系統
     */
    public abstract Power buildPower();
    /**
     * 建造機器人武器系統
     */
    public abstract Weapon buildWeapon();

}


/**
 * 鋼彈建造者類別 (ConcreteBuilder)
 */
public class GundamBuilder extends RobotBuilder{

    /**
     * 建造機器人外型
     */
    public Form buildForm(){
        // 這邊可以想像成用工廠類別可以創造很多種不同的外型
        return new Form("鋼彈");
    };
    /**
     * 建造機器人動力系統
     */
    public Power buildPower(){
        // 這邊可以想像成用工廠類別可以創造不同的動力系統
        return new Power("亞哈反應爐","Beta 發電機","氫電池");
    };
    /**
     * 建造機器人武器系統
```

```
    */
    public Weapon buildWeapon(){
        // 這邊可以想像成用工廠類別可以創造不同的武器
        return new Weapon(new String[]{"60mm 火神砲 ",
                                       " 突擊長矛 ",
                                       " 薩克機槍 ",
                                       " 光束劍 "});


    };

}
```

Director 類別

```
/**
 * 指揮如何組裝機器人 (Director)
 */
public class Director {
    private RobotBuilder builder;
    public Director(RobotBuilder builder){
        this.builder = builder;
    }

    /**
     * Builder Pattern 的特色就是會在 Director 內規範建造的順序
     * @return
     */
    public IRobot builderRobot(){
        IRobot robot = new Gundam();
        // 依照順序建造機器人
        robot.setForm(builder.buildForm());
        robot.setPower(builder.buildPower());
        robot.setWeapon(builder.buildWeapon());
        return robot;
    }
}
```

測試碼

```
/**
 * 建造者模式 – 測試
 */
public class RobotBuilderTest {
```

```
    @Test
    public void test() {
        Director director = new Director(new GundamBuilder());
        IRobot robot = director.builderRobot();
        robot.display();
    }

}
```

測試結果

```
============== 建造者模式測試 ==============
機器人外型：鋼彈
機器人動力：{ 主動力：亞哈反應爐 ， 副動力：Beta 發電機 ，電池：氫電池 }
機器人武器：[60mm 火神砲， 突擊長矛， 薩克機槍， 光束劍]
```

責任鏈模式
Chain Of Responsibility

CHAPTER

18

CHAPTER	DAYS
00	1st
01	
02	
03	
04	2nd
05	
06	
07	
08	3rd
09	
10	
11	
12	4th
13	
14	
15	
16	5th
17	
18	
19	
20	6th
21	
22	
23	7th
24	
25	

閱讀預定日

月　日

閱讀完成

目的：讓不同的物件有機會能處理同一個請求。

請假要過幾關

　　這個模式可以用來處理簽核流程，下面的範例是當員工提出休假申請時，如果在 2 天以下，直屬主管經理就可以批准，2~5 天則是給更高一階的主管簽核才行，超過 5 天則要由總經理批准。另外員工也可以提出加薪的要求，這時候就由總經理來決定是否加薪。

　　如果將提出申請這個動作封裝成一個請求（Request）類別，另外可以處理請求的物件則抽出成為處理者（Handler）介面，上面那些主管就是實作處理者介面的實體處理者（ConcreteHandler）。

　　比起用 if else 來實作上述的情境，使用責任鏈的好處是我們可以輕易調整職責鏈，例如說現在公司要簡化流程，請假 5 天以下由直屬主管批准，以上由總經理批准，那只要在客戶端重新設定職責鏈就好，不需要改動寫好的經理類別。

類別圖

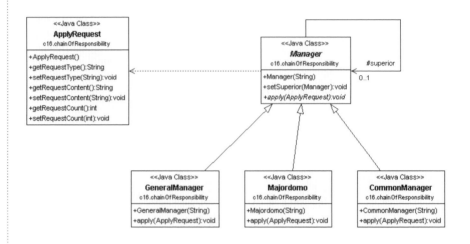

程式碼

Request 類別

```java
/**
 * 提出申請 (Request)
 */
public class ApplyRequest {
    /**
     * 申請類別
     */
    private String requestType;
    /**
     * 申請內容
     */
    private String requestContent;
    /**
     * 申請數
     */
    private int requestCount;


    public String getRequestType() {
        return requestType;
```

```java
    }
    public void setRequestType(String requestType) {
        this.requestType = requestType;
    }
    public String getRequestContent() {
        return requestContent;
    }
    public void setRequestContent(String requestContent) {
        this.requestContent = requestContent;
    }
    public int getRequestCount() {
        return requestCount;
    }
    public void setRequestCount(int requestCount) {
        this.requestCount = requestCount;
    }
}
```

Handler 介面與實作類別

```java
/**
 * 管理者 (Handler)
 *
 */
public abstract class Manager {
    protected String name;

    // 上一級管理者
    protected Manager superior;

    public Manager(String name){
        this.name = name;
    }

    // 設定上一級的管理者
    public void setSuperior(Manager superior){
        this.superior = superior;
    }
    /**
     * 提出申請
     */
    abstract public void apply(ApplyRequest request);
}
```

```java
/**
 * 經理 (Concretehandler)
 */
public class CommonManager extends Manager {

    public CommonManager(String name) {
        super(name);
    }


    @Override
    public void apply(ApplyRequest request) {
        //2 天以下的假就批准，其他丟給上級
        if(request.getRequestType().equals("請假") &&
                request.getRequestCount() <= 2){
            System.out.print(request.getRequestType() + ":" +
                                    request.getRequestContent());
            System.out.println(" " + request.getRequestCount() +
                                "天 被" + name + " 批准");
        } else {
            if(superior != null){
                superior.apply(request);
            }
        }
    }

}

/**
 * 總監 (Concretehandler)
 */
public class Majordomo extends Manager {

    public Majordomo(String name) {
        super(name);
    }


    @Override
    public void apply(ApplyRequest request) {
        //5 天以下的假就批准，其他丟給上級
        if(request.getRequestType().equals("請假") &&
                request.getRequestCount() <= 5){
            System.out.print(request.getRequestType() + ":" +
                                    request.getRequestContent());
            System.out.println(" " + request.getRequestCount() +
                                "天 被" + name + " 批准");
        } else {
```

```java
            if(superior != null){
                superior.apply(request);
            }
        }
    }

}

/**
 * 總經理 (Concretehandler)
 *
 */
public class GeneralManager extends Manager {

    public GeneralManager(String name) {
        super(name);
    }

    @Override
    public void apply(ApplyRequest request) {
        if(request.getRequestType().equals("請假")){
            System.out.print(request.getRequestType() + ":" +
                                request.getRequestContent());
            System.out.println(" " + request.getRequestCount() +
                                "天 被 " + name + " 批准");
        } else {
            if(request.getRequestCount() <= 1000){
                System.out.print(request.getRequestType() + ":" +
                                    request.getRequestContent());
                System.out.println(" " + request.getRequestCount() +
                                        "元 被 "  + name + " 批准");
            } else {
                System.out.print(request.getRequestType() + ":"
                                    +request.getRequestContent());
                System.out.println(" " + request.getRequestCount() +
                                        "元 被 "  + name + " 駁回");
            }
        }
    }

}
```

測試碼

```java
/**
 * 責任鏈模式 - 測試
 */
public class ManagerClient {

    public static void main(String[] args) {
        System.out.println("============ 責任鏈模式測試 ============");

        Manager pm = new CommonManager("PM 經理 ");
        Manager gl = new Majordomo(" 總監 ");
        Manager gm = new GeneralManager(" 總經理 ");

        // 設定上級，可隨實際需求更改
        pm.setSuperior(gl);
        gl.setSuperior(gm);

        ApplyRequest request = new ApplyRequest();
        request.setRequestType(" 請假 ");
        request.setRequestContent(" 小菜請假 ");
        request.setRequestCount(2);
        pm.apply(request);

        request.setRequestCount(4);
        pm.apply(request);

        request.setRequestType(" 加薪 ");
        request.setRequestContent(" 小菜加薪 ");
        request.setRequestCount(2000);
        pm.apply(request);

        request.setRequestCount(900);
        pm.apply(request);
    }
}
```

測試結果

```
============ 責任鏈模式測試 ============
請假：小菜請假 2 天 被 PM 經理批准
請假：小菜請假 4 天 被總監批准
加薪：小菜加薪 2000 元 被總經理駁回
加薪：小菜加薪 900 元 被總經理批准
```

解譯器模式 Interpreter

目的：定義一個語言與其文法，使用一個解譯器來表示這個語言的敘述。

　　解譯器模式就是將有一定規則的文字依照規則將他真正表達的意思解譯出來，簡單說就是翻譯工具，下面的範例很簡單，待解譯的資料如下所述：

- 以空白分段，每段開頭為字母 A 或 B，之後接一串數字（ex. A122 B11 A178）。
- 如果開頭為 A，請將後面的數字 *2。
- 如果開頭為 B，請將後面的數字 /2。

　　在此我們需要一個 Context 來存放待解譯資料，然後一個 Expression 介面規範解譯器應該有什麼功能，藉由不同子類別實作 Expression 來擴充解譯能力。

類別圖

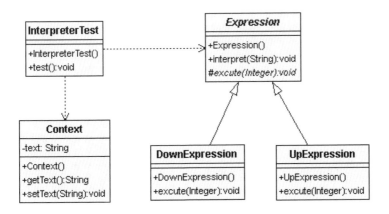

CHAPTER	DAYS
00	1st
01	
02	
03	
04	2nd
05	
06	
07	
08	3rd
09	
10	
11	
12	4th
13	
14	
15	
16	5th
17	
18	
19	
20	6th
21	
22	
23	7th
24	
25	

閱讀預定日

　　月　　日

閱讀完成

程式碼

```java
/**
 * 待解譯的資料 (Context)
 */
public class Context {
    // 存放待解譯資料
    private String text;

    public String getText() {
        return text;
    }

    /**
     * 以空白分段，每段開頭為字母 A 或 B，之後接一數字 (ex. A122 B11 A178)
     * @param text
     */
    public void setText(String text) {
        this.text = text;
    }

}

/**
 * 解譯器介面 (Expression)
 */
public abstract class Expression {
    public void interpret(String str){
        if(str.length() > 0){
            String text = str.substring(1, str.length());
            Integer number = Integer.valueOf(text);
            excute(number);
        }
    }

    protected abstract void excute(Integer number);
}

/**
 * 如果第一個字為 A，數字 *2(ConcreteExpression)
 */
public class UpExpression extends Expression {
    @Override
```

不同的解譯器可以實作不同的解譯方式

```
    public void excute(Integer number) {
        System.out.print(number*2 + " ");
    }
}


/**
 * 如果第一個字為B，數字/2 (ConcreteExpression)
 */
public class DownExpression extends Expression {
    @Override
    public void excute(Integer number) {
        System.out.print(number/2 + " ");
    }
}
```

測試碼

```
/**
 * 解譯器模式 – 測試
 */
public class InterpreterTest {
    @Test
    public void test(){
        Expression ex ;
        Context context = new Context();
        context.setText("A4461 B1341 A676 B1787");

        System.out.println("=========== 解譯器模式測試 ===========");
        System.out.println(" 待解譯內容：A4461 B1341 A676 B1787");

        System.out.println("--- 解譯結果 ---");
        // A 則後面的數字 *2，B 則後面的數字 /2
        for(String str : context.getText().split("\\s")){
            if(str.charAt(0) == 'A'){
                ex = new UpExpression();
            } else {
                ex = new DownExpression();
            }

            ex.interpret(str);
        }
    }
}
```

使用空白將字串
切成陣列

測試結果

```
============ 解譯器模式測試 ============
待解譯內容：A4461 B1341 A676 B1787
--- 解譯結果 ---
8922 670 1352 893
```

中介者模式 Mediator

目的：當有多個物件之間有交互作用，使用一個中介物件來負責這些物件的交互以降低這些物件之間的耦合。

聊天系統

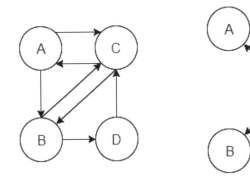

　　上圖左邊四個圈圈 ABCD 代表我們的聊天系統上有 4 個使用者，每一個使用者都能跟其他使用者聊天，因此之間的關係會變的像圖一樣很混亂，如果可以將傳遞訊息的工作統一交給中介者（Mediator）處理，像右圖這樣，程式的架構會比較清楚，而且可以切開 ABCD 之間的互相耦合。

CHAPTER	DAYS
00	1st
01	
02	
03	
04	2nd
05	
06	
07	
08	3rd
09	
10	
11	
12	4th
13	
14	
15	
16	5th
17	
18	
19	
20	6th
21	
22	
23	7th
24	
25	

閱讀預定日

□□月□□日

閱讀完成 □

類別圖

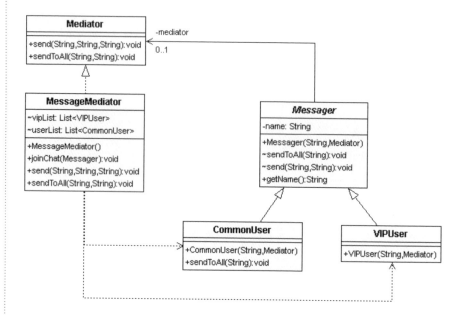

程式碼

Mediator 介面與實作類別

```java
/**
 * 中介者介面 (Mediator)
 */
public interface Mediator {
    // 發訊息給某人
    void send(String message,String from , Messager to);

    // 發訊息給每個人
    void sendToAll(String from, String message);
}

/**
 * 中介者類別 (ConcreteMediator)
 */
public class MessageMediator implements Mediator {
    private static List<VIPUser> vipList = new ArrayList<>();
```

```java
    private static List<CommonUser> userList = new ArrayList<>();

    public static void joinChat(Messager messager){
        if(messager.getClass().getSimpleName().equals("VIPUser")){
            vipList.add((VIPUser) messager);
        } else {
            userList.add((CommonUser) messager);
        }
    }

    // 發訊息給某人
    public void send(String message,String from , Messager to){
        for(Messager msg : vipList){
            if(msg.getName().equals(from)){
                System.out.println(from + "->"
                + to.getName() + ":" + message);
            }
        }
        for(Messager msg : userList){
            if(msg.getName().equals(from)){
                System.out.println(from
                + "->" + to.getName() + ":" + message);
            }
        }
    };

    // 發訊息給每個人
    public void sendToAll(String from, String message){
        for(Messager msg : vipList){
            if(!msg.getName().equals(from)){
                System.out.println(from
                + "->" + msg.getName() + ":" + message);
            }
        }

        for(Messager msg : userList){
            if(!msg.getName().equals(from)){
                System.out.println(from
                + "->" + msg.getName() + ":" + message);
            }
        }
    };
}
```

Colleague 介面與實作類別

```java
/**
 * 定義可以發送訊息的物件介面 (Colleague)
 */
public abstract class Messager {
    private String name;
    public static Mediator mediator = new MessageMediator();

    public Messager(String name){
        this.name = name;
    }

    // 發訊息給每個人
    public void sendToAll(String message){
        mediator.sendToAll(name,message);
    }

    // 發訊息給某人
    public void send(String message, Messager to){
        mediator.send(message, this.name , to);
    };


    public String getName() {
        return this.name;
    };
}

/**
 * 可以發送訊息的類別 (ConcreteColleague)
 */
public class CommonUser extends Messager{

    public CommonUser(String name) {
        super(name);
    }

    @Override
    public void sendToAll(String message){
        System.out.println(" 非 VIP 用戶不能使用廣播 ");
    }
}
```

```
/* 可以發送訊息的類別 (ConcreteColleague)*/
public class VIPUser extends Messager{
    public VIPUser(String name) {
        super(name);
    }
}
```

測試碼

```
/**
 * 中介者模式 - 測試
 */
public class MediatorTest {
    @Test
    public void Test(){
        System.out.println("============ 中介者模式測試 ============");

        Messager jacky = new VIPUser("jacky");
        Messager huant = new CommonUser("huant");
        Messager neil = new CommonUser("neil");

        MessageMediator.joinChat(jacky);
        MessageMediator.joinChat(huant);
        MessageMediator.joinChat(neil);
        System.out.println("---VIP 會員直接送訊息給每個人 ---");
        jacky.sendToAll("hi, 你好 ");

        System.out.println("--- 私底下送訊息 ---");
        jacky.send(" 單挑阿 !PK 阿 !", huant);

        neil.send(" 收假了 !! 掰掰 ", jacky);
        System.out.println(" 當非 VIP 會員想送訊息給每個人 ");
        neil.sendToAll(" 阿阿阿 !!!");
    }
}
```

測試結果

```
============ 中介者模式測試 ============
---VIP 會員直接送訊息給每個人 ---
jacky->huant:hi, 你好
jacky->neil:hi, 你好
--- 私底下送訊息 ---
jacky->huant: 單挑阿 !PK 阿 !
neil->jacky: 收假了 !! 掰掰
--- 當非 VIP 會員想送訊息給每個人 ---
非 VIP 用戶不能使用廣播
```

原型模式 Prototype

目的：複製一個物件而不是重新創建一個。

冒險者要寫履歷 !!! 可以直接複製上一份來改就好嗎？

當需要建立的新物件與原有物件很相似，想直接複製原有物件再修改就好，這時候就需要原型模式了。在 JAVA 中只要一個物件宣告 implements Cloneable，Override clone() 方法後，就能複製一個物件。

冒險者協會有專門的人力資源單位來管理冒險者的履歷，為了方便冒險者更新自己的履歷，協會提供方便的複製履歷功能，實作的程式碼如下，在這邊冒險者的履歷 Resume 類別與冒險經歷 AdventureExperience 類別都已經分別實作 Cloneable 介面，要修改應該可以直接複製前一份再作修改。

類別圖

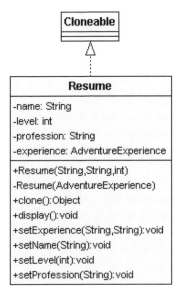

CHAPTER	DAYS
00	1st
01	
02	
03	
04	2nd
05	
06	
07	
08	3rd
09	
10	
11	
12	4th
13	
14	
15	
16	5th
17	
18	
19	
20	6th
21	
22	
23	7th
24	
25	

閱讀預定日

☐☐月☐☐日

閱讀完成 ☐

程式碼

```java
/**
 * 冒險者的履歷
 */
public class Resume implements Cloneable{
    private String name;            // 姓名
    private int level;              // 等級
    private String profession;      // 職業
    private AdventureExperience experience; // 冒險經歷

    public Resume(String name, String profession, int level){
        this.name = name;
        this.level = level;
        this.profession = profession;
        experience = new AdventureExperience();
    }

    @Override
    public Object clone() throws CloneNotSupportedException {
        return super.clone();
    }

    public void display(){
        System.out.printf("冒險者：%s-%s 等級：%d \n",
                            name, profession, level);
        System.out.printf("冒險經歷：%s %s \n",
                experience.getDate(), experience.getLocation());
        System.out.println();
    }

    public void setExperience(String date, String location) {
        experience.setDate(date);
        experience.setLocation(location);
    }

    public void setName(String name) {
        this.name = name;
    }

    public void setLevel(int level) {
        this.level = level;
    }
```

直接使用 super. clone()，等一下我們會發現這樣不會得到新的 WorkExperinece 實體

```
    public void setProfession(String profession) {
        this.profession = profession;
    }
}

/**
 * 冒險者的冒險經歷
 */
public class AdventureExperience implements Cloneable {
    private String date;          // 日期
    private String location;      // 地點

    public String getLocation() {
        return location;
    }
    public void setLocation(String location) {
        this.location = location;
    }
    public String getDate() {
        return date;
    }
    public void setDate(String date) {
        this.date = date;
    }

    @Override
    protected Object clone() throws CloneNotSupportedException {
        return super.clone();
    }
}
```

測試碼

```
/**
 * 原型模式 - 測式
 */
public class ResumeTest {
    @Test
    public void test() throws CloneNotSupportedException {
        System.out.println("============ 原型模式測試 ============");
        Resume resume = new Resume(" 傑克 "," 見習道士 ",1);
        resume.setExperience("2011/01/01", " 仙靈島 ");

        // 履歷表 2 跟 1 有許多相似的地方，因此直接複製履歷表 1 做修改
```

```
Resume resume2  = (Resume) resume.clone();
resume2.setLevel(5);
resume2.setExperience("2012/03/31", " 隱龍窟 ");

// 履歷表 3 跟 1 有許多相似的地方，因此直接複製履歷表 1 做修改
Resume resume3  = (Resume) resume2.clone();
resume3.setProfession(" 殭屍道長 ");
resume3.setExperience("2012/11/31", " 赤鬼王血池 ");

System.out.println("--- 第一份履歷 ---");
resume.display();
System.out.println("--- 第二份履歷（複製上一份修改）---");
resume2.display();
System.out.println("--- 第三份履歷（複製第一份修改）---");
resume3.display();
    }
}
```

測試結果（錯誤的結果）

```
=========== 原型模式測試 ===========
--- 第一份履歷 ---
冒險者：傑克 - 見習道士 等級 :1
冒險經歷： 2012/11/31 赤鬼王血池

--- 第二份履歷（複製上一份修改）---
冒險者：傑克 - 見習道士 等級 :5
冒險經歷： 2012/11/31 赤鬼王血池

--- 第三份履歷（複製第一份修改）---
冒險者：傑克 - 殭屍道長 等級 :5
冒險經歷： 2012/11/31 赤鬼王血池
```

被最後的一個冒險經歷蓋掉了 !!!

被最後的一個冒險經歷蓋掉了 !!!

被最後一個冒險經歷蓋掉了 !!!

　　冒險經歷竟然全部都被蓋掉了，會出現這種情況是因為預設的 clone 方法是淺複製也就是只會複製 String、int 這些基本型態，冒險經歷 experience 被複製出來只是參照（reference），因此後面我們修改冒險經歷時也會一併修改前面的履歷，這種情況當然是不行的，以下我們稍為修改一下 clone 這個方法，讓冒險經歷可以被實實在在的複製一份。

```
/**
 * 冒險者的履歷
 */
public class Resume implements Cloneable{
    /*.... 省略未修改部分 ...*/

    private Resume(AdventureExperience experience)
    throws CloneNotSupportedException{
        this.experience = (AdventureExperience) experience.clone();
    }

    @Override
    public Object clone() throws CloneNotSupportedException {
        // 直接使用 super.clone()，不會得到新的 AdventureExperinece 實體
        Resume clone = new Resume(experience);
        clone.setName(this.name);
        clone.setLevel(this.level);
        clone.setProfession(this.profession);
        return clone;
    }
}
```

測試結果

```
=========== 原型模式測試 ============
--- 第一份履歷 ---
冒險者：傑克 – 見習道士 等級 :1
冒險經歷： 2011/01/01 仙靈島

--- 第二份履歷（複製上一份修改）---
冒險者：傑克 – 見習道士 等級 :5
冒險經歷： 2012/03/31 隱龍窟

--- 第三份履歷（複製第一份修改）---
冒險者：傑克 – 殭屍道長 等級 :5
冒險經歷： 2012/11/31 赤鬼王血池
```

MEMO

橋梁模式 Bridge

目的：將抽象介面與實作類別切開，使兩者可以各自變化而不影響彼此。

寄個信有這麼複雜嗎？

現在要設計一個郵件寄送系統，要寄信到另外一個地方，只要 3~5 天就會到，如果你很急，只要多出一些郵資，郵差會在 24 小時幫你把限時信件送到；接下來如果我們擔心寄出的信沒有確實被收到，那可以寄掛號信，掛號信請收信人簽收，當然掛號信也是分 3~5 天寄到跟 24 小時寄到兩種。以上的系統設計出來如下圖：

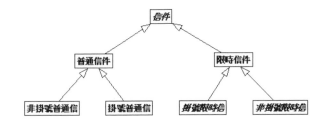

以上的系統看起來沒啥問題，現在系統要加一個雙掛號信，對方簽收後郵差會將收信者簽名寄回來，架構會變成這樣。

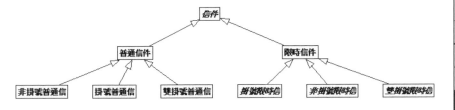

然後假如我們要再加一個特急件，保證 6 小時會到，類別的數量就會變成 3x3=9 種，會變動維度有兩個（信件到達時間與掛號），因此類別數量一不小心就會堆的跟山一樣高。為了改善這種情況，我們將寄信這個動作抽出成為一個新的實體，信件就變成了到達時間 + 寄信兩者的組合。這就是橋梁模式。

CHAPTER	DAYS
00	1st
01	
02	
03	
04	2nd
05	
06	
07	
08	3rd
09	
10	
11	
12	4th
13	
14	
15	
16	5th
17	
18	
19	
20	6th
21	
22	
23	7th
24	
25	

閱讀預定日

☐☐月☐☐日

閱讀完成 ☐

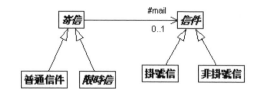

類別圖

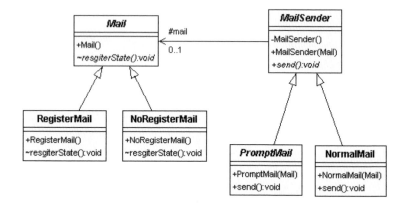

程式碼

寄信類別

```java
public abstract class MailSender {
    protected Mail mail;

    @SuppressWarnings("unused")
    private MailSender(){};

    public MailSender(Mail mail){
        this.mail = mail;
    }

    // 寄信
    abstract public void send();
}
```

```java
// 一般信件
public class NormalMail extends MailSender{
    public NormalMail(Mail mail) {
        super(mail);
    }
    @Override
    public void send() {
        System.out.print(">> 信件寄出後 3~5 天內抵達   ");
        super.mail.resgiterState();
    }
}

// 限時信
public class PromptMail extends MailSender{
    public PromptMail(Mail mail) {
        super(mail);
    }

    @Override
    public void send() {
        System.out.print(">> 信件寄出後 24 小時內抵達   ");
        super.mail.resgiterState();
    }
}
```

平信，掛號信，雙掛號信類別

```java
public abstract class Mail {
    // 平信，掛號信，雙掛號信等
    abstract void resgiterState();
}
// 非掛號信
public class NoRegisterMail extends Mail{
    @Override
    void resgiterState() {
        System.out.println(" 這是封信不是註冊信，收件人不用簽名   ");
    }
}
// 掛號信
public class RegisterMail extends Mail{
    @Override
    void resgiterState() {
        System.out.println(" 這是一封掛號信，收件人必需簽名   ");
    }
}
```

測試碼

```java
/**
 * 橋接模式 - 測試
 */
public class RemoteTest {

    @Test
    public void test(){
        System.out.println("============ 橋接模式測試 ============");
        System.out.println("---- 一般信件測試 ----");
        MailSender mailSender = new NormalMail(new NoRegisterMail());
        mailSender.send();
        mailSender= new NormalMail(new RegisterMail());
        mailSender.send();
        System.out.println("---- 限時信件測試 ----");
        mailSender = new PromptMail(new NoRegisterMail());
        mailSender.send();
        mailSender= new PromptMail(new RegisterMail());
        mailSender.send();
    }
}
```

測試結果

```
============ 橋接模式測試 ============
---- 一般信件測試 ----
>> 信件寄出後 3~5 天內抵達    這是封信不是註冊信，收件人不用簽名
>> 信件寄出後 3~5 天內抵達    這是一掛掛號信，收件人必需簽名
---- 限時信件測試 ----
>> 信件寄出後 24 小時內抵達    這是封信不是註冊信，收件人不用簽名
>> 信件寄出後 24 小時內抵達    這是一封掛號信，收件人必需簽名
```

備忘錄模式 Memento

目的：將一個物件的內部狀態儲存在另外一個備忘錄物件中，備忘錄物件可用來還原物件狀態。

備忘錄模式其實就是備份或存檔的概念。

打不好！重來

下面我們用打魔王小遊戲來模擬，在戰鬥前有個複雜神秘的密技可以降低魔王的攻擊力，不過因為太複雜了，所以使用後我們就先使用備忘錄物件（Memento）將魔王的狀態儲存，當戰鬥不順利需要重來的時候我們可以使用 Memento 將 魔王的狀態恢復到開打之前。

類別圖

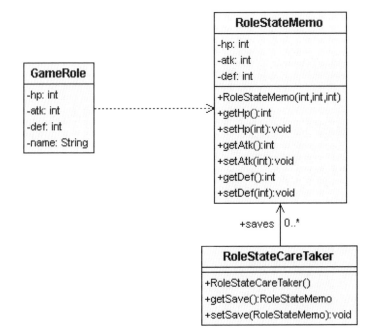

CHAPTER	DAYS
00	1st
01	
02	
03	
04	2nd
05	
06	
07	
08	3rd
09	
10	
11	
12	4th
13	
14	
15	
16	5th
17	
18	
19	
20	6th
21	
22	
23	7th
24	
25	

閱讀預定日

□□月□□日

閱讀完成 □

程式碼

```java
/**
 * 要備份的物件 (Originator)
 */
public class GameRole {
    private int hp = 100;
    private int atk = 100;
    private int def = 100;
    private String name = " 第六天魔王 ";

    public RoleStateMemo save(){
        return new RoleStateMemo(hp,atk,def);
    }


    /**
     *
     */
    public void fight(){
        hp = 30;
        System.out.println(name + " 剩下 30% 血量，出大招把隊伍打的半死 ");
    }

    public void stateDisplay(){
        System.out.println(name+" 的狀態：");
        System.out.print("hp=" + hp);
        System.out.print(", atk=" + atk);
        System.out.println(", def=" + def);
        System.out.println();
    }



    public void load(RoleStateMemo memo){
        this.hp = memo.getHp();
        this.atk = memo.getAtk();
        this.def = memo.getDef();
    }
    public int getHp() {
        return hp;
    }
    public void setHp(int hp) {
        this.hp = hp;
```

```
    }
    public int getAtk() {
        return atk;
    }
    public void setAtk(int atk) {
        this.atk = atk;
    }
    public int getDef() {
        return def;
    }
    public void setDef(int def) {
        this.def = def;
    }
}


/**
 * 備忘錄物件 (Memento)
 */
public class RoleStateMemo {
    private int hp;
    private int atk;
    private int def;

    public RoleStateMemo(int hp, int atk, int def) {
        this.hp = hp;
        this.atk = atk;
        this.def = def;
    }
    public int getHp() {
        return hp;
    }
    public void setHp(int hp) {
        this.hp = hp;
    }
    public int getAtk() {
        return atk;
    }
    public void setAtk(int atk) {
        this.atk = atk;
    }
    public int getDef() {
        return def;
    }
    public void setDef(int def) {
```

```
            this.def = def;
        }
    }

/**
 * 將物件備份 (MementoCareTaker)
 */
public class RoleStateCareTaker {
    public List<RoleStateMemo> saves = new ArrayList<>();

    public RoleStateMemo getSave(){
        return saves.get(0);
    }

    public void setSave(RoleStateMemo memo){
        saves.add(0, memo);
    }
}
```

測試碼

```
/**
 * 備忘錄模式 – 測試
 */
public class GameRoleTest {
    @Test
    public void test() {
        // boss 一開始的狀態
        GameRole boss = new GameRole();
        boss.stateDisplay();


        // 使用複雜的神秘小技巧，可以降低 boss 攻擊力
        System.out.println(" 使用複雜的神秘小技巧 ");
        boss.setAtk(60);

        // 趕快存檔
        RoleStateCareTaker rsc = new RoleStateCareTaker();
        rsc.setSave(boss.save());
        boss.stateDisplay();
```

```
        // 開打了
        boss.fight();
        boss.stateDisplay();

        // 隊伍血沒先回滿，倒了一半，快讀取剛才的存檔
        boss.load(rsc.getSave());
        System.out.println(" 不行不行，那個時間點先該先回滿血，讀檔重打 ");
        boss.stateDisplay();
    }
}
```

測試結果

```
============ 備忘錄模式測試 ============
第六天魔王的狀態：
hp=100, atk=100, def=100

使用複雜的神秘小技巧
第六天魔王的狀態：
hp=100, atk=60, def=100

使用備忘錄存檔，存檔後開始戰鬥

第六天魔王剩下 30% 血量，出大招把隊伍打的半死
第六天魔王的狀態：
hp=30, atk=60, def=100

不行不行，那個時間點先該先回滿血，讀檔重打
第六天魔王的狀態：
hp=100, atk=60, def=100
```

MEMO

蠅量級（享元）模式 Flyweight

目的：大量物件共享一些共同性質，降低系統的負荷。

　　一個蠅量級類別包括了內部性質，也就是所有物件都共用的性質，另外也有外部性質，這是隨著需求可以變換的性質。

樹，都是一樣的

　　現在我們有個假日花園系統，每個人都可以來認養一棵樹，不過為了省錢，所以每一個樹種我們只栽種一棵，當擁有者來的時候，我們只是將掛牌上的擁有者姓名換掉，實際上提供的是同一顆樹。

　　如果同時有兩個擁有者來看同一顆樹怎麼辦!!? 不好意思，我們這個假日花園是採預約制的，每一個樹種一次只開放一個擁有者參觀。

類別圖

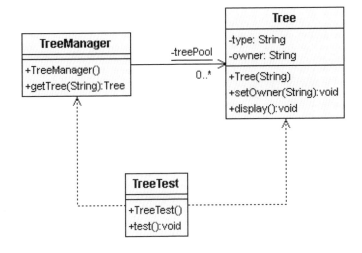

CHAPTER	DAYS
00	1st
01	
02	
03	
04	2nd
05	
06	
07	
08	3rd
09	
10	
11	
12	4th
13	
14	
15	
16	5th
17	
18	
19	
20	6th
21	
22	
23	7th
24	
25	

閱讀預定日

☐☐月☐☐日

閱讀完成 ☐

程式碼

```java
/**
 * 樹木 (Flyweight)
 */
public class Tree {
    private String type;      // 樹種 ( 內部性質，可以共享的資訊 )
    private String owner;       // 樹的擁有者 ( 外部性質，不能共享的資訊 )

    public Tree(String type){
        this.type = type;
        System.out.println(" 取得一顆新的 " + type);
    }

    public void setOwner (String owner){
        this.owner = owner;
    }

    public void display(){
        System.out.println(type  + " ，擁有者：" + owner);
    }
}

/**
 * 樹種管理員 (Flyweight factory)
 */
public class TreeManager {
    private static Map<String, Tree> treePool = new HashMap<>();

    public static Tree getTree(String type){
        // 如果目前還沒有這種種類的樹，就新增一棵
        if(!treePool.containsKey(type)){
            treePool.put(type, new Tree(type));
        }
        // 已經有這樣的樹，拿 pool 裡面的出來
        return treePool.get(type);
    }
}
```

測試碼

```
/**
 * 蠅量級模式 - 測試
 */
public class TreeTest {
    @Test
    public void test(){
        System.out.println("============ 蠅量級模式測試 ============");

        Tree rose = TreeManager.getTree(" 玫瑰 ");
        rose.setOwner("Rose");
        rose.display();
        System.out.println("Jacky來買一顆玫瑰花 ");
        Tree jRose = TreeManager.getTree(" 玫瑰 ");
        jRose.setOwner("Jacky");
        jRose.display();

        System.out.println();
        Tree hinoki = TreeManager.getTree(" 台灣紅檜 ");
        hinoki.setOwner(" 林務局 ");
        hinoki.display();
    }
}
```

Jacky 看玫瑰的時候，其實我們沒有創一棵的給他，而是拿 Rose 那顆換個名牌

測試結果

```
============ 蠅量級模式測試 ============
取得一顆新的玫瑰
玫瑰 ， 擁有者 ： Rose
Jacky 來買一顆玫瑰花
玫瑰 ， 擁有者 ： Jacky

取得一顆新的台灣紅檜
台灣紅檜 ， 擁有者 ： 林務局
```

MEMO

拜訪者模式 Visitor

目的：用不同的拜訪者使集合（Collection）中的元素行為與元素類別切離。

在 Java 之中，Collection 是非常好用的東西，可以透過泛型裝進同一個父類別的物件，但缺點就是物件的行為也就被泛型綁死了，為了使類別物件的在集合中還能保有自己的特性，使用拜訪者將物件的行為封裝。

中華料理大賽

中華料理大賽有分別來自特級廚師、黑暗料理界、特極麵點師傅三個陣營的廚師（Interface）參加比賽，參賽的廚師都會加入參賽者名單集合（Collection）。假如第一輪比賽的題目是燒賣，每個陣營廚師做出來的燒賣都長的不太一樣。這個在程式之中很容易模擬，我們只要讓每個廚師分別實作做燒賣這個方法，集合內的廚師只要一個呼叫就可以了；接下來第二道題目是豆腐，我們一樣為每個廚師增加做豆腐的方法，這時候我們就需要修改廚師集合的內容，廚師才會一個一個做出美味的豆腐，假如比賽的題目不斷增加，我們就必須不斷修改廚師集合，這部分的程式碼如下，假如他們今天要比 10 道題目，就會有 10 個 if else 判斷，也要為廚師介面增加這些題目，當然每個廚師實作類別也要修改。

```
/**
 * 參加比賽的廚師（被操作元素集合）
 */
public class ChefGroup {
    private List<Chef> list = new ArrayList<>();

    public void join(Chef chef){
        list.add(chef);
    }
```

CHAPTER	DAYS
00	1st
01	
02	
03	
04	2nd
05	
06	
07	
08	3rd
09	
10	
11	
12	4th
13	
14	
15	
16	5th
17	
18	
19	
20	6th
21	
22	
23	7th
24	
25	

閱讀預定日

☐☐月☐☐日

閱讀完成 ☐

```java
    public void leave(Chef chef){
        list.remove(chef);
    }

    /**
     * 指定比賽題目
     */
    public void topic(Topic topic){
        String topicName = topic.getClass().getSimpleName();

        if(topicName.equals("Topic_saoMai")){
            // 比賽題目為燒賣
            for(Chef chef : list){
                chef.cookSaoMai();
            }
        } else if(topicName.equals("tofu")){
            // 比賽題目為豆腐
            for(Chef chef : list){
                chef.cookTofu();
            }
        } // 要增加題目，首先要增加else if判斷
    }
}

/**
 * 廚師介面 - 被操作的元素
 */
public abstract class Chef {
    private String name;
    public Chef(String name){
        this.name = name;
    }
    public String getName() {
        return name;
    }

    abstract void cookTofu();      // 廚師要會做豆腐
    abstract void cookSaoMai();    // 廚師要會做燒賣
    //... 要增加題目，要修改廚師介面
}
// 特級廚師
public class SuperChef extends Chef {

    public SuperChef(String name) {
        super(name);
    }
```

```java
    @Override
    void cookTofu() {
        System.out.println(this.getName() + " : 宇宙大燒賣 ");
    }

    @Override
    void cookSaoMai() {
        System.out.println(this.getName() + " : 熊貓豆腐 ");
    }

    //... 要增加題目，要修改廚師實作類別
}

// 黑暗料理界廚師
public class DarkChef extends Chef {
    public DarkChef(String name) {
        super(name);
    }

    @Override
    void cookTofu() {
        System.out.println(this.getName() + " : 魔幻鴉片燒賣 ");
    }

    @Override
    void cookSaoMai() {
        System.out.println(this.getName() + " : 豆腐三重奏 ");
    }

    //... 要增加題目，要修改廚師實作類別
}

// 特級麵點師傅
public class SuperNoodleChef extends Chef {
    public SuperNoodleChef(String name) {
        super(name);
    }

    @Override
    void cookTofu() {
        System.out.println(this.getName() + " : 鐵桿臭豆腐 ");
    }

    @Override
    void cookSaoMai() {
        System.out.println(this.getName() + " : 鐵桿 50 人份燒賣 ");
    }
```

```
    //... 要增加題目，要修改廚師實作類別
}

// 指定的比賽菜餚
public interface Topic {
}
// 燒賣
public class Topic_saoMai implements Topic {
}
// 豆腐
public class Topic_tofu implements Topic {
}
```

　　為了避免上面這種可怕的情況出現，這邊我們將比賽題目抽出成為拜訪者（Visitor），做燒賣這個動作則是實作拜訪者的類別，我們將每個陣營廚師做燒賣的方法交給做燒賣拜訪者來實現，接下來比賽的題目不斷的增加，我們只要一直增加實體拜訪者（ConcreteVisotor）就好，不需要修改廚師集合的內容。例如說今天第二輪題目是做豆腐料理，那我們只要增加一個做豆腐拜訪者即可。

類別圖

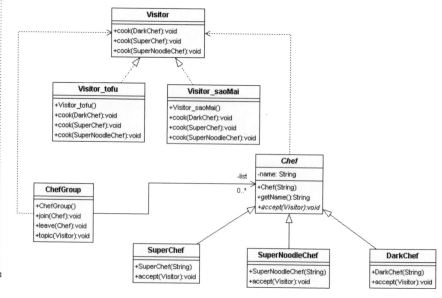

程式碼

```java
/**
 * 廚師介面 – 被操作的元素
 */
public abstract class Chef {
    private String name;
    public Chef(String name){
        this.name = name;
    }
    public String getName() {
        return name;
    }

    // visitor 代表裁判指定的料理
    public abstract void accept(Visitor visitor);

}
/**
 * 特級廚師 – 被操作的元素
 */
public class SuperChef extends Chef {

    public SuperChef(String name) {
        super(name);
    }

    // 如何實現做料理的工作已經移交給 visitor
    @Override
    public void accept(Visitor visitor) {
        visitor.cook(this);
    }

}

/**
 * 黑暗料理界廚師 – 被操作的物件
 */
public class DarkChef extends Chef {

    public DarkChef(String name) {
        super(name);
    }

    // 如何實現做料理的工作已經移交給 visitor
    @Override
```

```java
    public void accept(Visitor visitor) {
        visitor.cook(this);
    }

}

/**
 * 特級麵點師傅 - 被操作的物件
 */
public class SuperNoodleChef extends Chef {

    public SuperNoodleChef(String name) {
        super(name);
    }

    // 如何實現做料理的工作已經移交給 visitor
    @Override
    public void accept(Visitor visitor) {
        visitor.cook(this);
    }

}


/**
 * 參加比賽的廚師 ( 被操作元素集合 )
 */
public class ChefGroup {
    private List<Chef> list = new ArrayList<>();

    public void join(Chef chef){
        list.add(chef);
    }

    public void leave(Chef chef){
        list.remove(chef);
    }

    /**
     * 指定比賽題目
     */
    public void topic(Visitor visitor){
        for(Chef chef : list){
            chef.accept(visitor);
        }
    }
}
```

```java
/**
 * 指定的菜餚 – 拜訪者
 */
public interface Visitor {
    // 利用 overload 來實現每種不同廚師煮出不同的指定菜餚
    void cook(DarkChef superChef);
    void cook(SuperChef superChef);
    void cook(SuperNoodleChef superNoodleChef);
}

/**
 * 指定做豆腐 (Concrete Visitor)
 */
public class Visitor_tofu implements Visitor {

    @Override
    public void cook(DarkChef chef) {
        System.out.println(chef.getName() + " : 豆腐三重奏 ");
    }

    @Override
    public void cook(SuperChef chef) {
        System.out.println(chef.getName() + " : 熊貓豆腐 ");
    }

    @Override
    public void cook(SuperNoodleChef chef) {
        System.out.println(chef.getName() + " : 鐵桿臭豆腐 ");
    }

}

/**
 * 指定做燒賣 (Concrete Visitor)
 */
public class Visitor_saoMai implements Visitor {

    @Override
    public void cook(DarkChef chef) {
        System.out.println(chef.getName() + " : 魔幻鴉片燒賣 ");
    }

    @Override
    public void cook(SuperChef chef) {
        System.out.println(chef.getName() + " : 宇宙大燒賣 ");
    }
```

```
    @Override
    public void cook(SuperNoodleChef chef) {
        System.out.println(chef.getName() + " : 鐵桿 50 人份燒賣 ");
    }

}
```

測試碼

```java
/**
 * 拜訪者模式 – 測試
 */
public class ChefTest {
    @Test
    public void test(){
        // 準備參賽的廚師們
        ChefGroup chefGropu = new ChefGroup();
        chefGropu.join(new SuperChef(" 小當家 "));
        chefGropu.join(new DarkChef(" 紹安 "));
        chefGropu.join(new SuperNoodleChef(" 解師傅 "));

        System.out.println("------------ 第一回合：燒賣 --------------");
        Visitor round1 = new Visitor_saoMai();
        chefGropu.topic(round1);

        System.out.println("------------ 第二回合：豆腐 --------------");
        Visitor round2 = new Visitor_tofu();
        chefGropu.topic(round2);

        // 假如有第三回合，我們只需要增加 Visitor 的實做類別，不會影響到其他程式
        // 假如要新增參賽者，那就 ... 很麻煩了
    }
}
```

測試結果

```
------------ 第一回合：做燒賣 --------------
小當家 ： 宇宙大燒賣
紹安 ： 魔幻鴉片燒賣
解師傅 ： 鐵桿 50 人份燒賣
------------ 第二回合：做燒賣 --------------
小當家 ： 熊貓豆腐
紹安 ： 豆腐三重奏
解師傅 ： 鐵桿臭豆腐
```

附錄
單元測試工具 JUnit4 簡介

單元測試就是針對一段程式碼測試功能正不正確，有沒有返回我們期望的值，用 debug 雖然也可以達到一樣的功能，不過使用上比較麻煩一些，要設置中斷點並啟動 debug 模式，還得用肉眼監看輸出結果是否正確。

JUnit 是一個單元測試工具，可以讓程式開發者簡單的進行單元測試，只要寫好測試碼，執行後可以立即得到結果。

▍開始使用 JUnit

開啟 JUnit 有幾種方法，這裡以許多人常用的 Eclipse 為例。此處只是稍為簡介一下怎麼執行 JUnit，需要較完整的 JUnit 教學，可以自行上網搜尋。

1. 專案上點右鍵 > 點選 Bulid Path > Configure Build Path...

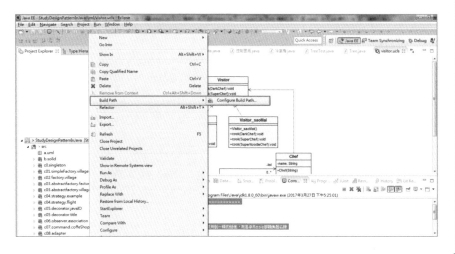

2. 點選 Add Library -> JUnit -> Next

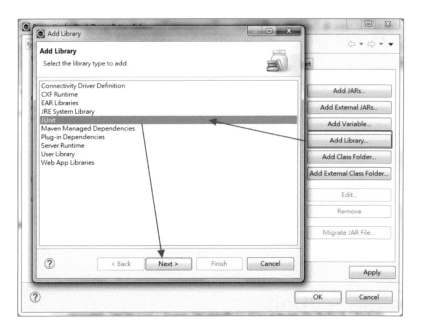

3. JUnit4 -> Finished

4. 完成後會看到 JUnit4 Library 已經加到 Project 之中

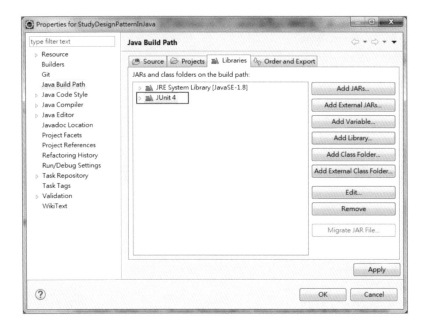

執行測試與顯示結果

以 TrainingCampTest 為例，開啟程式後在空白處點右鍵，Run As -> JUnit。

執行後會在 console 視窗看到執行結果如下

執行後會在 Junit 視窗看到執行結果如下

都綠色表示通過測試碼中的兩個 Assert.assertEquals 方法

```
Assert.assertEquals(memberA.getType(), "Archer");
Assert.assertEquals(memberB.getType(), "Warrior");
```

測試失敗

現在我們加入一行 Assert.assertEquals(memberB.getType(), "Knight")，執行後看結果，出現測試 Failures，這是因為 memberB.getType() 拿出來的字串是 "Warrior"，不等於後面的 "Knight"，所以無法通過 JUnit 的測試。

```
//memberB 應該是 Warrior 不是 Knight，因此這邊會報錯
Assert.assertEquals(memberB.getType(), "Knight");
```